人体DNA的生命管理系统

陆　欣　陆镇奇◎著

深圳出版社

图书在版编目（CIP）数据

人体DNA的生命管理系统 / 陆欣, 陆镇奇著. -- 深圳 : 深圳出版社, 2024.1
ISBN 978-7-5507-3939-0

Ⅰ. ①人… Ⅱ. ①陆… ②陆… Ⅲ. ①计算机应用－生命科学 Ⅳ. ①Q1-0

中国国家版本馆CIP数据核字(2023)第229902号

人体DNA的生命管理系统
RENTI DNA DE SHENGMING GUANLI XITONG

出 品 人　聂雄前
责任编辑　刘　晖　侯天伦
责任技编　陈洁霞
封面设计　花间鹿行
装帧设计　斯迈德设计 0755-8314 4278

出版发行　深圳出版社
地　　址　深圳市彩田南路海天综合大厦（518033）
网　　址　www.htph.com.cn
订购电话　0755-83460239（邮购、团购）
设计制作　深圳市斯迈德设计企划有限公司（0755-83144278）
印　　刷　深圳市华信图文印务有限公司
开　　本　787mm×1092mm　1/16
印　　张　13
字　　数　110千
版　　次　2024年1月第1版
印　　次　2024年1月第1次
定　　价　68.00元

前　言

1946年2月14日，世界上第一台电子计算机ENIAC问世。在以后的70多年里，电子计算机（简称“计算机”）经历了电子管、晶体管、集成电路和超大规模集成电路四代升级，已遍及全世界每一个国家的各个领域，进入亿万寻常百姓家，已成为当今社会人类必不可少的工具。

随着计算机硬件技术的快速发展，计算机软件开发紧跟其后，教育、科研、工业制造等各个领域都在为计算机发展做出自己的贡献。计算机在短时间内就获得了极高的发展水平，被称为“电脑”，意指其可以和人脑相提并论。

电脑是一种工具，人类发明工具的惯例是这个工具要超过自己，比如交通工具，只要是辆车就比人跑得快，无论是自行车、电动车、汽车还是火车。电脑也不例外，自它问世起，其数学计算速度就超过了人类，然后在工程设计、气象预报、火箭发射等方面为人类承担各种庞大而复杂的科学计算量，做着人类大脑做不到的事情。

电脑不仅能进行精确的科学计算，还具有逻辑运算功能与学习能力。2016年到2017年围棋机器人“阿尔法狗”（AlphaGo）击败人类顶尖水平围棋选手，标志着电脑在“智”力上超过人类已成为可能，而围棋机器人“阿尔法狗”（AlphaGo）的主要工作原理就是“深度学习”。

随着计算机技术的飞速发展，计算机科学也应运而生。计算机科学是研究计算机及其周围各种现象和规律的科学，它研究计算机系统结构、计算机软件系统、人工智能以及计算本身的性质和问题。计算机科学是系统性研究信息与计算的理论基础，是一门研究应用和实现的实用技术学科，计算机科学所关注的是通过现有知识去改造及创造新的应用。

CSAB（计算机科学鉴定委员会）确立了计算机科学的四个主要领域：计算理论、算法与数据结构、编程方法与编程语言及计算机元素与架构。其他领域则有操作系统、软件工程、数据库系统、并行计算、分布式计算、人机交互、人工智能、机器翻译、计算机网络与通信、计算机图形学等等。

我们通常会以为计算机科学就是研究计算机本身的学科，但实际上计算机科学研究的领域中有相当部分都不涉及计算机本身，比如说计算理论和算法与数据结构。而计算机硬件研究，却不属于计算机科学的范畴，大家说奇怪不奇怪？

计算机科学研究还经常与其他学科交叉，比如数学、语言学、物理学、经济学、统计学、认知科学、心理学等等，本书涉及的是计算机科学与生物学的一个交叉，学名叫计算生物学。

计算生物学是指运用数据分析方法，建立数学模型，采用计算机仿真技术研究生物学、行为学等学科，用计算机科学的思维解决生物问题，用计算机科学的语言和数学的逻辑结构描述和模拟生物世界。

人在地球上是一种普通动物。生物学上，人被分类为人科、人属、人种，是灵长类动物。生命是这个世界最神奇、最伟大、最美丽的自然现象。人是地球生态系统中生物进化的结果，还是外星人推送给地球的礼物？现存有争议和不同的看法。

法国医生、哲学家拉·梅特里（1709—1751）提出人是机器的观点，著有《人是机器》一书，于1747年在荷兰匿名发表。其结论是："人是一台机器，在整个宇宙里只存在一个实体，只是它的形式有各种变化。"这个观点在当时受到激烈的反对，使作者只能流亡荷兰，且在荷兰该书也只能匿名出版。人类自发明计算机以来，几十年努力提高计算机科学与应用水平，终于使计算机的智力超过人类本身，这间接地证明了"人是一台机器"。

"人是一台机器"，换句话也可以说"人是一个产品"。人们通常会说儿女是父母的产品，其实这句话讲得非常正确。

产品的狭义概念：被生产出的物品；产品的广义概念：可以满足人们需求的载体；产品的整体概念：人们提供能满足消费者或用户某种需求的任何有形物品和无形服务。大家对照产品的概念细品，对父母而言，儿女就是一个产品。

要获得一个好产品，先进的管理是必不可少的。产品管理在管理科学的集合中只是分支中的分支。产品需求、产品计划、产品设计、产品开发、产品生产、产品质量、产品研究、产品定位以及产品的生命周期，这些都是产品管理的重要组成部分。但当

父母要繁衍后代时，父母亲们研究过这些问题吗？可能研究过，也可能根本没想过。

“人是机器”。是机器就会涉及设计、生产、使用、维护等事宜，属于企业管理的范畴。企业管理又归在管理科学的名下。

现代管理理论的基础是系统论、信息论和控制论，用应用数学模型和计算机手段来研究解决各种管理问题，常用的方法中就有计算机仿真和管理信息系统。人是一种动物，属生物学范畴，计算生物学也是采用建立数学模型、计算机仿真技术来研究人。计算机科学、生物学、管理科学在这里有了一个交叉点。

人是一个系统，具有开放性、自组织性、复杂性、关联性、等级结构性、动态平衡性、时序性等系统的共同基本特征。几千年来，中国传统医学（中医）一直将人视为一个整体即一个系统来治病，是非常超前的先进理念，只是受制于本国科技水平而未能走在世界医学的前列。

本书是根据管理科学的系统论，运用计算机仿真技术来模拟人体内的信息流过程，寻找生长、发育、衰老、进化等人的成长规律；根据计算机辅助企业管理产品的模式，建立人的生命周期数学模型，用计算机科学语言来描述人的各个阶段，模拟人的生命管理系统，探讨人的最佳生存模式。

目　　录
CONTENTS

|第一章|

引　言

一、人之初

在一场热烈的造人运动结束后，数以亿计的精子踏上了寻找卵子的征途，一路上还要努力锻炼身体，获取能量，准备见面聘礼。另一方则只有一个卵子经梳妆打扮，慢慢踱出大门（卵巢）。现实世界中，“一家养女百家求”已经是极风光的场面，身体内数亿精子寻找一个卵子，而且关系到生死存亡之大事，其竞争之激烈，结果之惨烈，可想而知。

哪一个精子可获此殊荣，有幸与卵子结合，从而变成一个受精卵，继而变成一个人生存下去呢？许多书上介绍说，是一个最健康、最有活力、跑得最快的精子，笔者却大大不以为然。以人为例，全中国成年的未婚男性总数，估计与寻找一个卵子的精子总数差不多，这么多人追求一个人结婚，不是最聪明、身体最好、跑得最快就可以实现的，何况充其量也只有24小时的时间，假如女方在北京，男方在南宁的话，跑得再快也没用，见面都不可能。

下面不用笔者说，大家也能猜得出来，那就是一位名人的名言："第一是位置，第二是位置，第三还是位置。"只有靠卵子最近的那些精子才有结合的可能。医学教科书上介绍，仅有百分之一的精子（也就是几百万个精子）能挤进生命通道，进去后，再仅有万分之一的精子（也就是几百个精子）能够面见卵子，最终只有一个精子与卵子结合，这是一个几亿分之一的小概率事件。这事要发生在当今人世间，一定比买彩票中头奖还要轰动。

几百个精子围住一个卵子求爱，卵子在干什么？毫无疑问，她在选择，选择将绣球抛给谁。她必须选一个，因为跨出的那扇门已经关上了，没有回头路可走。那么她在挑选什么呢？她周围的精子个个都是万里挑一的精英、尖子。其实很简单，她要看一看这些精子带有多少条染色体，有没有y染色体，因此，创造一个男性还是创造一个女性，取决于卵子的一念之间。卵子会对自己喜欢的精子开一扇门，放他进来与自己结合，共同完成造人的宏伟大计。

无比幸运的精子进入卵子后，赶紧把门关好并堵上，防止其他精子来竞争。然后呢？笔者看了许多教科书，各位专家都没仔细讲，几句话带过："过了几个小时，受精卵细胞复制了另一个细胞，再过几小时，这两个细胞又复制了两个细胞，以几小时为周期，细胞数成倍增长。"现象描述得很准确，但"复制"这个词用得不准确，第二个细胞肯定与受精卵细胞不同，以下类推。另外，说明也太简单，把人之初最关键的环节给漏掉了，也许是胚胎学或生物细胞学缺少相应的术语描述，但是用信息技术和系统工程的语言就可以很好地讲述：他们在洽谈、交换信息。笔者可以保证，绝大部分人成年后所做的事情（全部事情的集合），也没有精子和卵子结合后最初的那几个小时做得复杂、精彩和伟大。

洽谈是在相当亲密、友好的气氛中进行的，此时精子与卵子已结为一体，今后将同甘共苦、荣辱与共、生死与共。大家都会为自己着想，共创美好明天。谈话内容呢，在科学技术还没有发展到能监听、读取时，笔者和大家一起来推导：首要问题一定是这个人将来长得像谁？通常精子应该是父亲的代表，而卵子代表母亲，按照一般人的认识，男孩应该像母亲（当然只是像得多一点而已），女孩则像父亲。具体怎么像法，那是谈出来的。也许有的精子觉得男子汉应该像他父亲，国字脸、络腮胡子，阳刚气十足，如改成瓜子脸，那不变成奶油小生了？故坚持男人长得要像父亲。如卵子温柔、好说话，那像父亲就像父亲吧，如卵子刚烈霸道、不好说话，估计这个男人还是像母亲多一些。因为精子毕竟是外来者，多蒙卵子垂青，抛了绣球，开了门才得以进入。当然，最后是一个折中调和的结果，也就是大家让一步：眼睛像我，鼻子像你，嘴巴像我，脑门像你……总之是要制造出一个你中有我、我中有你的形象。由于商量的时间短、速度快，既没有画像可看，又没有计算机系统模拟实物可参照，这位闭门造车造出来的人，要许多年后才知道是什么模样。运气好的人，集中了父母双方外形的优点，颜值高，身材好，人见人爱；运气差的人，则吸收了双方的缺点，有苦说不出。是不是每对精子和卵子都谈长相呢？笔者想是一定的，一对夫妻生育10个孩子，没有两个孩子长得一样就是证明。

洽谈继续进行，下一步谈皮肤的颜色、头发的颜色、血型。根据现代科技手段认定，数小时内，他们有30亿位信息量需要交

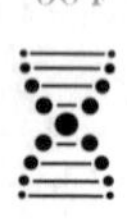

流，按信息技术的常用单位讲就是3G。当涉及心、肝、肺怎么造时，估计已是精子和卵子力所不能及的事了，好在父母已经给他们准备好了标准数据库，只要原样照搬就可以。

有没有精子和卵子都个性非常强、脾气火暴，无论是否为原则性事项都不肯让步，洽谈陷入僵局，谈不下去而谈崩掉的呢？笔者想一定是有的，只是占比较小而已。对于受精卵而言，这毕竟是生死攸关、千载难逢的机会，不值得为一些小事而同归于尽。

洽谈结束，下一步的事情就是构造新人体数据库。这个数据库存有30亿位的信息量，有多少呢？假定一本书有30万字，该数据库相当于10000本同类型的书的容量。

信息量30亿位这个数据来源于一般科普读物，无论专家还是平民，好像大家都这么说，不知你信不信？反正笔者是不信，30亿位太少了，造人是不够的。

大约用了十几个小时的时间，数据库建成，造人进入实质性的阶段，此时此刻，笔者想就应该算是人之初吧。

此时，受精卵还是孤家寡人一个，居无定所，在外面游荡呢。卵子开始发话（由于卵子的体积是精子的几万倍大，实力对比悬殊、差距太大，在相当长时间里都是卵子发号施令）："今后我们就是一个人了，现在开始干活，制造细胞，看看我们有没有能力把人造出来。"

造出来的第一个细胞是谁？要说明这个问题须明确受精卵的地位，以拥有成千上万亿细胞的人和大集团公司比照的话，受精卵是发起人，就应该是法定代表人、董事会主席，那第一个造出来的细胞，毫无疑问就应该是首席执行官、总经理的角色，然后继续，造出8个细胞的管委会（医学名词为“全能干细胞”）。即使已有8个细胞，这个小集团还是居无定所，在外面游荡。这时受精卵发话：“我们要找一个住所定居下来，获取营养，才能继续下去。”各个细胞面面相觑，这也难怪，关系没有，能力有限，故异口同声：“老大，你看着办吧！听你的。”受精卵思考了片刻说：“我去和妈妈商量一下，让她先养我们10个月，等我们长大以后再报答她。”母亲以养育子女为天职，每个月都为新生命的到来积极做准备（非生育年龄阶段除外），因此，二者一拍即合，受精卵顺利地植入到母亲的子宫内，母亲提供他生长所需的全部营养，并保护他不受伤害。当然有的母亲也不愿意，原因多种多样，这里就不一一列举了。

二、造人

现代医学已经证明了人是从受精卵开始，最后以拥有数十万亿个细胞而成形。其中每一个细胞都是由受精卵或受精卵制造出来的细胞再制造出来的细胞制造出来的。假定受精卵为最上层细胞，每制造出一次细胞可称之为她的下层细胞，一直往下延伸，一共有多少层我们不知道准确数字，但是可以确定，这个数字是有限的，不是无限延伸的无穷大，它的极限决定了人体各个器官的大小，人即使再努力，也不能突破其器官大小的最大值。

现代医学还证明了受精卵开始制造细胞后，被制造出来的细胞在种类和数量上都会有巨大的变动，关键是在阶段性的时间顺序上、数量上、位置上丝毫不差，从而保证人体的协调生长。

由此可见，人是被制造出来的。

造人分阶段，这道理每人都懂，但阶段是怎么划分的，估计绝大部分人说不出来。我们先讲讲人生的第一个阶段：胚胎期。一个人从受精卵形成到分娩产出，来到人世间，被称为胚胎期，理论上是266天（38周），笔者从百度百科上看到的一段对这38周胚胎期的描述：

第1周，父精和母血融合，其状正如在牛乳里滴入乳酪酵母，使其得到发育的动力，并且非常融洽。

第2周，胎珠状如乳液凝成的胶状物。

第3周，状如凝结的乳酪或酸奶。

第4周，质地比较坚固的团状物，有的是圆形，有的呈椭圆形，并开始出现性别分化。

第5周，脐带开始形成，与母体相连。

第6周，与脐带相平衡，形成了一条命脉，使胎儿获得更快发育。

第7周，胎儿的眼睛等感觉器官开始形成。

第8周，胎儿的头部开始形成。

第9周，胎儿躯体的上部和下部已经形成。

第10周，胎儿的双肩，两侧胯骨开始形成。

第11周，胎儿身体的九窍，即双眼、双耳、鼻、口、阴窍等已经形成。

第12周，胎儿心、肝、肺、脾、肾等五脏形成。

第13周，胎儿小肠、胆、大肠、胃、膀胱、三焦等六腑已经形成。

第14周，胎儿两条上臂、前臂及两条大腿、小腿已经形成。

第15周，胎儿的双手、双肘和双足、双膝已经形成。

第16周，胎儿的十个手指和十个足趾全部形成。

第17周，联结胎儿身体上部、下部及里外的血管、脉络均已形成。

第18周，此时胎儿体内的肌肉和脂肪组织均已出现。

第19周，胎儿体内的韧带、筋膜、肌腱已经出现。

第20周，胎儿全身的骨骼和骨骼内所有的骨髓均已形成。

第21周，胎儿周身的皮肤开始形成。

第22周，此时胎儿身体内的九窍均已开通，开始与外界通流。

第23周，胎儿的头发、指甲、趾甲等出现了。

第24周，胎儿五脏六腑的功能已经成熟，也已经知道疼痛。

第25周，在胎儿体内的脉络中，气已经出现并开始运行。

第26周，胎儿已经开始有意识。

第27周至第30周，是受孕的第7个月，胎儿所有的器官均已成熟，整个胎体也显得圆满。

第31周至第35周，胎儿继续增大，母体与胎儿的精神肉体均互相影响。

第36周，此时胎儿多动，显得对所处的地方很不习惯。

第37周，胎儿似乎显得对所处的地方有反感，不愿再待在这里。

第38周，胎儿的头部转而朝下，并准备娩出母体了。

认真的读者应该发现，上面的描述是看出来的，甚至有些是猜出来的。用显微镜看、用B超看、用X射线看、解剖看，随着时间的推移，看着受精卵把人造成了什么样子。第28周、196天，在不到200天的时间内，受精卵就在母亲的帮助下把人造出来了，好像一点难度都没有，好像一点科技含量都没有。

其实站在制造产品工程师的角度看，造人是非常非常难的事，因为在第28周，胎儿体重通常为2000克，体内细胞总量估计为数万亿个，而且品种、功能齐全，全部都在努力工作，每天将生产出几十亿品种不同、数量不同、功能各异的新细胞，其计划、衔接要求之精确，是现实世界上任何一个产品、工程、项目所不能比拟的。

造人难于上青天，比登天还难。

三、生命管理系统

中国田径运动员刘翔2004年在雅典奥林匹克运动会男子110米栏决赛上以12.91秒的成绩刷新了奥林匹克运动会纪录，获取了中国男运动员在奥林匹克运动会田径项目上的第一枚金牌；2006年刘翔在瑞士洛桑田径超级大奖赛上又以12.88秒的成绩打破世界纪录（12.91秒）获得金牌。

然而2008年北京奥运会，刘翔由于脚伤，在男子110米栏比赛首轮就遗憾地退出了比赛。

2012年伦敦奥运会，刘翔由于跟腱断裂而在110米栏预赛中摔倒，无缘晋级。

跟腱是人体最粗大、最强壮的肌腱，由小腿三头肌的肌腱融合而成，是小腿肌肉力量传导至足部的重要组成部分。众所周知，人自己是控制不了跟腱断裂的，跟腱在运动中断裂属自发性断裂，原因只有一个：拉力超过了它的承受能力，即肌肉发出的力量大于跟腱能够承受的力量。

因此，这件事我们是否可以这样看：刘翔及他的教练和专家组为2012年伦敦奥运会做了大量的准备工作，其中肌肉锻炼占了主要部分。比赛时，体能、情绪都调整到了最佳状态，并且刘翔对比赛充满信心，发令枪响后，他用自己最大的力量起跑参加比赛，但问题却出在了看不见、摸不着、测不出来的跟腱上。以此推论，若跟腱能够支撑运动员巨大的起跑爆发力，刘翔在2012年伦敦奥运会上将再次创造更好的成绩。

运动员想得到好成绩，但是失败了。我们大家都会有这样的经历：以为自己能行，实际上却做不到。这里引出一个将要讨论的主题：人的身体运作归谁管？对于这个问题，不假思考的话，估计有80%的人会说归大脑，但仔细想一下却似乎不是那么回事，下面我们先来回答几个问题：

人的生长发育大脑管得了吗？回答是否定的。

你（大脑）想长多高就长多高吗？那是做不到的。

人的胖瘦大脑管得了吗？回答也是否定的。

你（大脑）想长得胖就胖，想长得瘦就瘦吗？那也是做不到的。

人的疾病大脑管得了吗？回答也是否定的。

你（大脑）想生病就生病，不想生病就不生病了吗？那也是不行的。

人的衰老大脑管得了吗？回答也是否定的。

不管你愿意不愿意，没有人能够长生不老。

显而易见，“生、老、病、死”大脑都管不了，大脑只能管感受、记忆、思考、推理、指挥身体（肌肉）动作等等，人体本身大部分的功能都不归大脑管。

也许有人会说：“生、老、病、死”乃自然规律，不是人能管得了的。笔者对引用“自然规律”来解释自然状态的认识是：知其然，不知其所以然。不去问为什么，哪里来的万有引力定律？

其实人的身体里存在着一套非常精确、严密的管理系统，管理着人的“生、老、病、死”，而且是从头管到尾的，即从生管到死，笔者现在将其取名为“生命管理系统”。下面我们先看看“生命管理系统”在管些什么。

人类在探究自身奥秘的过程中，会惊叹大自然创造人的时候所做的种种安排，身体内的细胞、组织、器官、系统紧密结合，协调统一，各司其职又共同努力，使生命延续下去。

我们成年人体内有206块骨头；639块肌肉；心、肝、脾、肺、肾等约200多个器官；四大组织；200多种、约60万亿个细胞，其中有140多亿个脑神经细胞，25亿个肝细胞，等等。

成年人平均每天心跳约10.8万次；心脏每收缩一次，排出血液约70毫升，每分钟约5000毫升，每天送出血液达7吨左右；肺呼吸约2.6万次；肾脏过滤血液约1700升；胃分泌1.5到2升的胃液；肝制造约1升的胆汁，等等。

如果把人的大脑比作行动指挥中心，骨头和肌肉是执行部门，心、肺和血管是动力系统，神经是通信系统，消化器官是能源系统，还有废气、污水、污物处理系统，造人系统等等，这是一个多么复杂的集合体，没有一个强有力的生命管理系统行吗?

生命管理系统是人生命持续的管控中心，以两个大家最常见的现象为例：

1. 生命管理系统将人的体温控制在37℃左右，高一点低一点都不行，这个温度可以保持身体核心器官正常运作。外界气温千变万化，体内核心温度保持不变。学习过工业控制的读者都知道，精准控制温度不是一个简单的事，要有温度传感器、控制器、热量发生器和散热器，本身就是一个复杂的系统。人全身体温均衡，从上到下，从里到外，温度传感器、控制器、热量发生器和散热器遍布体内，一个都不能少，其管控就更复杂了。

2. 生命管理系统控制着人体的血液总量，基本上处于平衡状态。大家知道人造血的能力是很强大的，产能过剩。当一个人献血200毫升后，吃点营养品，很快就补回来了，再次回到平衡状态，而启动造血机能的钥匙就掌握在生命管理系统手中。

生命管理系统管控的事情太多，书中后续章节遇到时会分别探讨。

|第二章|

人的系统性

中文“系统”一词来源于英文单词System的音译，指若干部分相互联系、相互作用，形成具有某些功能的整体。

美籍奥地利生物学家、一般系统论创始人贝塔朗菲对系统的定义：“系统是相互联系、相互作用的诸元素的综合体。”

中国科学家钱学森认为：“系统是由相互作用、相互依赖的若干组成部分结合而成的，是具有特定功能的有机整体。而这个有机整体又是它从属更大系统的组成部分。”

“系统”这个词在《现代汉语词典》（第7版）中被释义为：同类事物按一定的关系组成的整体。

在维基百科上还有一些对系统的概念描述：

1．系统是一个动态和复杂的整体，是有相互作用的。

2．系统由能量、物质、信息流等不同要素所构成。

3．系统往往由寻求平衡的实体构成，并显示出震荡、混沌或指数行为。

4．一个整体系统是任何相互依存的集或群暂时的互动部分。

一个成年人是由几百种、几十万亿细胞组成的综合整体，这些细胞构成了骨骼、肌肉、皮肤和各种器官，所有器官都是相互联系和相互作用的。对照上面系统的定义和概念描述我们可以得出，人就是一个系统，而且是一个很大、很复杂、很独立的系统。

一、人体硬件系统

一个系统分析员遇到一个很大、很复杂、很独立的系统时，第一件事就是把它分解为便于分析理解的功能子系统。子系统也是一个系统，当系统成为另一个系统的一部分时，它就被称为一个子系统。系统和子系统的概念是相对的。

按照现代医学标准的说法，人体由九大系统组成，即运动系统、消化系统、呼吸系统、泌尿系统、生殖系统、内分泌系统、免疫系统、神经系统和循环系统。

同时也有说八大系统的，即运动系统、消化系统、呼吸系统、泌尿系统、生殖系统、内分泌系统、神经系统和循环系统。剔除了免疫系统。

还有人将运动系统拆分为皮肤、骨骼和肌肉三个系统，即人体由十一大系统组成：皮肤系统、骨骼系统、肌肉系统、消化系统、呼吸系统、泌尿系统、生殖系统、内分泌系统、免疫系统、神经系统和循环系统。

但不管大家怎么分，万变不离其宗，组合在一起都是一个人。

现代医学对人体的系统分类是建立在解剖基础上的，所见即所得，无论采用什么样的先进仪器，依然是看得见、摸得着，用计算机专业的说法就是硬件系统的分类。我们可以粗略地看

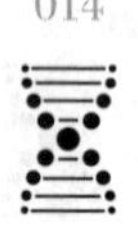

一下：

1．运动系统

运动系统（motor system）由骨、关节和骨骼肌组成，约占成人体重的60%。全身各骨借关节相连形成骨骼，起支撑体重、保护内脏和维持人体基本形态的作用。骨骼肌附着于骨，在神经系统支配下收缩和舒张，收缩时，以关节为支点牵引骨改变位置，产生运动。骨和关节是运动系统的被动部分，骨骼肌是运动系统的主动部分。

2．消化系统

消化系统包括消化道和消化腺两大部分。消化道是指从口腔到肛门的管道，可分为口、咽、食管、胃、小肠（十二指肠、空肠、回肠）、大肠（盲肠、阑尾、结肠、直肠）和肛门。十二指肠悬韧带以上的管道称为上消化道。消化腺按体积大小和位置不同可分为大消化腺和小消化腺。大消化腺位于消化管外，如唾液腺、肝脏和胰腺。小消化腺位于消化管内黏膜层和黏膜下层，如胃腺和肠腺。

3．呼吸系统

呼吸系统由呼吸道、肺血管、肺和呼吸肌组成。通常称鼻、咽、喉为上呼吸道；气管和各级支气管为下呼吸道。肺由实质组织和间质组织组成。前者包括支气管树和肺泡，后者包括结缔组织、血管、淋巴管和神经等。呼吸系统的主要功能是进行气体交换，吸入氧气，呼出二氧化碳和水蒸气。

4．泌尿系统

泌尿系统由肾脏、输尿管、膀胱和尿道组成。其主要功能是排出机体新陈代谢中产生的废物和多余的液体，保持机体内环境的平衡和稳定。肾产生尿液，输尿管将尿液输送至膀胱，膀胱为储存尿液的器官，尿液经尿道排出体外。

5. 生殖系统

生殖系统的功能是繁殖后代和形成并保持第二性征。男性生殖系统和女性生殖系统包括内生殖器和外生殖器两部分。内生殖器由生殖腺、生殖管道和附属腺组成，外生殖器以两性交配的器官为主。

6. 内分泌系统

内分泌系统是神经系统以外的一个重要的调节系统，包括弥散内分泌系统和固有内分泌系统。其功能是传递信息，参与调节机体新陈代谢、生长发育和生殖活动，维持机体内环境的稳定。

7. 免疫系统

免疫系统是人体抵御病原菌侵犯最重要的保卫系统。这个系统由免疫器官（骨髓、胸腺、脾脏、淋巴结、扁桃体、小肠集合淋巴结、阑尾等）、免疫细胞【淋巴细胞、单核吞噬细胞、中性粒细胞、嗜碱粒细胞、嗜酸粒细胞、肥大细胞、血小板（因为血小板里有IgG）等】，以及免疫分子（抗体、免疫球蛋白、干扰素、白细胞介素、肿瘤坏死因子等细胞因子）组成。免疫系统分为固有免疫和适应免疫，其中适应免疫又分为体液免疫和细胞免疫。

8. 神经系统

神经系统由脑、脊髓以及附于脑和脊髓的周围神经组织组成。神经系统是人体结构和功能最复杂的系统，由神经细胞组

成，在体内起主导作用。

神经系统分为中枢神经系统和周围神经系统。中枢神经系统包括脑和脊髓，周围神经系统包括脑神经、脊神经和内脏神经。神经系统控制和调节其他系统的活动，维持机体与外环境的平衡。

9. 循环系统

循环系统是人体的细胞外液（包括血浆、淋巴和组织液）及其借以循环流动的管道组成的系统。从人形成心脏以后循环系统分心脏和血管两大部分，叫作循环系统。循环系统是人体内的运输系统，它将消化道吸收的营养物质和由肺吸进的氧输送到各组织器官并将各组织器官的代谢产物通过同样的途径输入血液，经肺、肾排出。它还输送热量到身体各部位以保持体温，输送激素到各器官以调节其功能。

上面是标准的九大系统简述。其中运动系统拆分成以下三个系统：

1. 皮肤系统

皮肤系统由皮肤构成，在人体的外表面，起着保护身体不受外物侵害，保持体内环境稳定性的作用。

皮肤是躯体的防水层，它保护躯体，防止躯体脱水。皮肤还是感受器官，对触摸、压力、温寒和疼痛很敏感。皮肤长出指甲盖在手指尖和脚趾尖上。皮肤还有毛发，可以保温和保护皮肤。

2. 肌肉系统

肌肉系统由三种肌肉组织组成：横纹肌组织、平滑肌组织和心肌组织。

横纹肌看起来像是由一束发状腺组成的，每条肌纤维均有横纹。它又被称为随意肌或骨骼肌。

平滑肌不能由意志控制，所以又称为不随意肌。它是由细长的细胞或肌纤维构成的，没有横纹，主要分布在体内中空器官的周壁上。

心肌是人体最重要的肌肉，是由肌纤维以一种极为复杂的方式交织而成，构成了心壁。

横纹肌、平滑肌和心肌组织不仅形态不同，就连运作情形也互异。平滑肌收缩速度很慢，但却是永不倦怠的。而横纹肌收缩速度非常快，但容易产生倦怠感。至于心肌不但可快速收缩，而且永不倦怠，是一种极为强健的肌肉，因此能使心脏不断地搏动，直到生命结束为止。

人体有639块骨骼肌，因为肌肉附着在骨骼上面，所以称之为骨骼肌。骨骼肌的肌肉纤维有许多明亮和暗淡的横纹，所以又叫作横纹肌。不过，面部的一些肌肉并不附着在骨头上，而是附着在皮肤上的。这些肌肉可以用来表达喜怒哀乐各种情感，故而又叫作表情肌。但由于它们也是有横纹的肌肉，所以仍归类于骨骼肌。

3．骨骼系统

骨骼系统包括身体的各种骨骼、关节与韧带。由来源于中胚层的间充质细胞增殖分化而来。有支持躯体、保护体内重要器官、供肌肉附着、作运动杠杆等作用，部分骨骼还有造血、维持矿物质平衡的功能。按所在部位不同，骨骼系统分为中轴骨骼和附肢骨骼两部分。成人有206块骨，骨经连接形成骨骼。人体骨

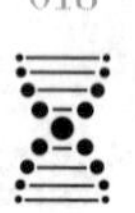

骼两侧对称，中轴部位为躯干骨（51块），其顶端是颅骨（29块），两侧为上肢骨（64块）和下肢骨（62块）。

二、人体软件系统

现代医学把人体划分了八个系统或九个系统或十一个系统，但很少把它们合并到一个系统上。从系统名称上就可以看出，没有哪个系统叫子系统的，似乎各个系统都是独立的系统，它们虽然符合《现代汉语词典》（第7版）里的说法“同类事物按一定的关系组成的整体”，但缺少了“系统是相互联系、相互作用的诸元素的综合体”这一本质性的东西。对于人体而言，这八个、九个、十一个系统都是缺一不可的，因此它们都是人体的子系统。在这方面，中国传统医学的见识要更高一筹。

中国传统医学认为人是一个整体，人体处于一个动态的平衡中，各脏腑相互制约、相互作用，对立统一，以平为期。因此，中医任何时候对人都是全系统的研究，不需要分子系统。中医讲的“阴、阳、气、血”“心、肝、脾、肺、肾”和“虚、火、湿”等也是对全身（全系统）而言，并非指某一个器官。

在中国传统医学看来人体系统诸元素通过经络系统相互联系和相互作用。人体的五脏六腑、四肢百骸、五官九窍、皮肉筋骨等组织之所以能保持相对的协调与统一，完成正常的生理活动，是依靠经络系统的联络沟通而实现的。经络中的经脉、经别与奇经八脉、十五络脉，纵横交错，入里出表，通上达下，联系人体各脏腑组织；经筋、皮部联系肢体筋肉皮肤；浮络和孙络联系人体各细微部分。经络还具有传导功能，体表的各种感受与刺激可传导至脏腑，脏腑的生理功能失调亦可反映于体表。这样，经络将人体联系成了一个有机整体。

众所周知，现代医学和中国传统医学各有所长，都有自己擅长的领域，也都有自己看不好的病。究其原因是大家都处在发展阶段，前面还有很长的路要走，须完善各自的能力。站在人是一个系统的角度上看，现代医学先从病症入手，然后考虑病人是一个系统，结果是经常治好了甲病却导致了乙病的发生（或损伤了某个器官）。中国传统医学是先从系统（病人）入手，“望、闻、问、切”，然后考虑怎样让病人恢复健康，结果是这个中医水平高、判断正确就能使病人恢复健康（治好病）。若我们从有益于人体健康的观念出发，中国传统医学的治病模式要明显优于现代医学模式。只是由于我国近代科技发展落后，中国传统医学也跟着受牵连，暂时落后于现代医学，相信在不久的将来中国传统医学将会转变为中国现代医学，全面提高科技诊断水平，全系统地研究人体状况，获得更好的治疗效果。

“系统”一词在电子计算机领域用得最多，无论是微型电子计算机、小型电子计算机，还是大型电子计算机、巨型电子计算机，操作系统都是必不可少的。微软赫赫有名的“Windows”操作系统广为人知，其他如苹果公司的操作系统、华为公司的操作系统，在业界也非常有名。可以说没有操作系统，电子计算机什么事也做不成。

人类发明工具后，人的技能就大大加强了；人类发明蒸汽机后，人的能量就大大加强了；人类发明汽车、火车、飞机后，人的速度就大大加快了；人类发明电子计算机后，人的智力则得到了极大的提升，以至于现在怎样评价电子计算机都不为过。结果是人类发明什么东西，什么东西就超越人本身，带来良好的效益。

电子计算机自1946年问世以来，已经历过电子管、晶体管、集成电路、大规模集成电路等数代，今天已发展到光子计算机和量子计算机时代。其计算速度也从当初的每秒5000次增长到现在的每秒数万亿次，量子计算机速度好像还没推算出来，只是说比世界上现有最快的计算机运算速度还要快1000倍以上。过去人们要求计算机能模拟人的感觉和思维，现在人们把复杂的工作都交给计算机去做。过去计算机处于辅助地位，帮助人们完成一些工作：计算机辅助设计（CAD）、计算机辅助制造（CAM）、计算机辅助工程（CAE）、计算机辅助教学（CAI）等等；现在计算机已在很多领域代替人的工作：无人驾驶汽车、无人驾驶火车、无人驾驶飞机、无人商店、无人银行等等。世界顶尖围棋、国际象棋选手输给电子计算机，标志着电子计算机的算力水平已经可以超过人类，完全符合“青出于蓝而胜于蓝”的发展规律。

电子计算机系统由硬件和软件组成，没有软件，系统就不成立。人也是一样，现代医学定义的是人的硬件系统，中国传统医学经络系统定义的是人的信号系统，本书欲探讨的是人的生命管理系统，即人的软件系统。

同理，没有软件，人也不能成为系统。

|第三章|

人的系统分析

一、系统分析概述

系统分析方法来源于系统科学。系统科学是20世纪40年代后迅速发展起来的一个横跨各学科的新科学，它从系统的角度或着眼点去考察和研究整个客观世界，为人类认识世界和改造世界提供科学的理论和方法。系统分析方法的出现是人类思维由以“实物为中心”过渡到以“系统为中心”的标志，是人类科学思维的一个划时代突破。

系统分析是系统工程的一个重要程序和核心组成部分。系统分析以系统整体为最优目标，坚持定量分析和定性分析相结合、内部条件和外部条件相结合、局部需求和整体需求相结合、当前需求和长远需求相结合的原则，对系统的各方面进行定性和定量分析，它是一个有目的、有步骤的探索过程，为最优系统方案提供所需的信息资料。

系统分析可以把一个复杂的项目看成系统工程，通过系统目标分析、系统环境分析、系统资源分析和系统管理分析，准确地诊断问题，深刻地揭示问题的起因，有效地提出解决问题方案和

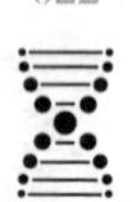

最优方案。

系统分析的要素有五个：

1．期望达到的目标。

2．达到目标所需要的技术和设备。

3．达到目标所需要的资源和费用。

4．建立分析对象的数学模型。

5．系统最优的评价标准。

系统分析的逻辑结构是：

1．信息：完整描述系统中所处理的全部信息。

2．行为：完全描述系统状态变化所需要的处理和功能。

3．描述：详细描述系统对外接口与界面。

系统分析的步骤：

1．确立目标。

2．建立模型。

3．系统最优化。

4．系统评价。

5．综合评选最优方案。

二、人的生命系统分析概述

生命是在自然界中存在一定感觉、意识、互动等丰富可能的一类现象，具有生存、自我生长、繁衍、进化的活动能力。

人的生命是指人（个体）活着。人是随着时间推移而发生变化的生物，人的生命系统状态就是人活着时的活动能力状态。

人的生命管理系统分析研究人的生命的管理过程，是从各个角度研究人体的细胞、组织、器官、系统在某一时刻的生理功能状态，是对人的生命全过程的系统分析。基于本书的篇幅限制，我们尽量挑重点做一个全系统即生命全过程的分析。

1. 人的生命存在的五个基本条件

（1）生产细胞的能力。

（2）人体数据库。

（3）相应的原材料供应。

（4）相应的生存环境。

（5）生命管理系统。

2. 人的生命周期划分

什么是人的生命起点？因为目的不同，说法也不同。但基于本书内容的需要，我们以受精卵形成为生命的起点。

同时，为了方便人的生命管理系统的分析，我们将人的生命周期划分为四个阶段：人的形成阶段，人的成长阶段，人的维持阶段和人的衰老阶段。

（1）人的形成阶段：从受精卵到人体成形的阶段，这个时间段人体有10个月是在母亲肚子（子宫）里度过的，以出生后牙齿长齐为结束。

（2）人的成长阶段：从乳牙长齐为起始，到身体不再长高为结束。

（3）人的维持阶段：以身高基本保持不变为起始，到身体某些功能停止或明显衰老为结束，最典型的标志是女性停经。

（4）人的衰老阶段。

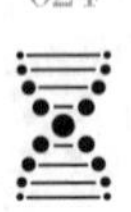

三、人的生命系统分析

老子的《道德经》中提到“道生一，一生二，二生三，三生万物”。这段描述像极了一个人的生命起源：男女爱情的结晶形成了受精卵，一生二，二生四，四生八，阴阳合和而产生一个人的生命，开始一段精彩的人生之旅。

1. 人的形成阶段

精子和卵子在输卵管里相会，形成一个受精卵，全过程约1天（24小时），这是生命开始最重要的环节；

受精卵在生命的第36小时生产出一个细胞，这是生命成长最重要的环节，说明受精卵有生产细胞的能力；

生命的第七天，受精卵团队植入母亲子宫内膜，开始建立与母亲的输入输出通道，这是生命可持续成长最重要的环节，它标志着受精卵可以从母亲血液中获取营养。

上述三个环节至关重要，缺一不可，不能出任何问题。

下面我们用表格的形式记录、分析人的生命的全过程。

表3—1 系统分析表（孕期4周）

<table>
<tr><th>编号001</th><th colspan="8">系统分析表</th></tr>
<tr><td colspan="9">生命长度：孕期4周</td></tr>
<tr><th>营养来源</th><th colspan="2">分析要素</th><th colspan="3">男</th><th colspan="3">女</th></tr>
<tr><td rowspan="4">母体</td><td colspan="2" rowspan="2">身高（cm）</td><td>低</td><td>正常</td><td>高</td><td>低</td><td>正常</td><td>高</td></tr>
<tr><td></td><td></td><td></td><td></td><td></td><td></td></tr>
<tr><td colspan="2" rowspan="2">体重（g）</td><td>低</td><td>正常</td><td>高</td><td>低</td><td>正常</td><td>高</td></tr>
<tr><td></td><td></td><td></td><td></td><td></td><td></td></tr>
<tr><th>系统名称</th><th colspan="2">主要器官</th><th colspan="6">描述和分析</th></tr>
<tr><td>神经系统</td><td colspan="2">大脑、神经、脊髓</td><td colspan="6">前庭器官出现</td></tr>
<tr><td>呼吸系统</td><td colspan="2">呼吸道、肺、肺血管</td><td colspan="6">喉、气管、鼻已出现征兆</td></tr>
<tr><td rowspan="2">运动系统</td><td colspan="2">肌肉（639块）</td><td colspan="6">心肌形成</td></tr>
<tr><td colspan="2">骨骼（206块）</td><td colspan="6">尚未发育</td></tr>
<tr><td rowspan="3">消化系统</td><td colspan="2">口腔、食管、胃</td><td colspan="6">尚未发育</td></tr>
<tr><td colspan="2">肝、胆、胰</td><td colspan="6">尚未发育</td></tr>
<tr><td colspan="2">小肠、大肠、直肠</td><td colspan="6">尚未发育</td></tr>
<tr><td>泌尿系统</td><td colspan="2">肾、膀胱、尿道</td><td colspan="6">尚未发育</td></tr>
<tr><td rowspan="2">循环系统</td><td colspan="2">血管、脾脏</td><td colspan="6">开始有多能造血干细胞出现</td></tr>
<tr><td colspan="2">心脏、心肌、心血管</td><td colspan="6">心脏与心血管形成，具备基本的运输能量的能力</td></tr>
<tr><td rowspan="2">生殖系统</td><td rowspan="2">生殖器官</td><td>男</td><td colspan="6">生殖器官尚未发育</td></tr>
<tr><td>女</td><td colspan="6">生殖器官尚未发育</td></tr>
<tr><td colspan="3">内分泌系统（激素）</td><td colspan="6">甲状腺、肾上腺、下丘脑等内分泌器官开始形成，肾上腺皮质原基产生腺垂体开始发育</td></tr>
<tr><td rowspan="5">人体感官</td><td colspan="2">眼（视觉）</td><td colspan="6">第3周开始形成</td></tr>
<tr><td colspan="2">耳（听觉）</td><td colspan="6">第4周开始出现，但还未形成</td></tr>
<tr><td colspan="2">鼻（嗅觉）</td><td colspan="6">嗅觉还未形成</td></tr>
<tr><td colspan="2">皮肤（触觉）</td><td colspan="6">触觉还未形成</td></tr>
<tr><td colspan="2">口腔、舌（味觉）、牙</td><td colspan="6">口腔与味觉感受器还未形成</td></tr>
</table>

表3—2 系统分析表（孕期8周）

<table>
<tr><th>编号002</th><th colspan="8">系统分析表</th></tr>
<tr><td colspan="9">生命长度：孕期8周</td></tr>
<tr><th>营养来源</th><th colspan="2">分析要素</th><th colspan="3">男</th><th colspan="3">女</th></tr>
<tr><td rowspan="4">母体</td><td colspan="2" rowspan="2">身高（cm）</td><td>低</td><td>正常</td><td>高</td><td>低</td><td>正常</td><td>高</td></tr>
<tr><td></td><td></td><td></td><td></td><td></td><td></td></tr>
<tr><td colspan="2" rowspan="2">体重（g）</td><td>低</td><td>正常</td><td>高</td><td>低</td><td>正常</td><td>高</td></tr>
<tr><td></td><td></td><td></td><td></td><td></td><td></td></tr>
<tr><th>系统名称</th><th colspan="2">主要器官</th><th colspan="6">描述和分析</th></tr>
<tr><td>神经系统</td><td colspan="2">大脑、神经、脊髓</td><td colspan="6">内耳半规管成形</td></tr>
<tr><td>呼吸系统</td><td colspan="2">呼吸道、肺、肺血管</td><td colspan="6">呼吸系统逐步发育</td></tr>
<tr><td rowspan="2">运动系统</td><td colspan="2">肌肉（639块）</td><td colspan="6">躯干部肌肉的成肌细胞形成</td></tr>
<tr><td colspan="2">骨骼（206块）</td><td colspan="6">四肢出现骨的雏形</td></tr>
<tr><td rowspan="3">消化系统</td><td colspan="2">口腔、食管、胃</td><td colspan="6">环肌与纵肌连续出现，壁细胞和内分泌细胞出现</td></tr>
<tr><td colspan="2">肝、胆、胰</td><td colspan="6">开始分泌胆汁</td></tr>
<tr><td colspan="2">小肠、大肠、直肠</td><td colspan="6">尚未发育</td></tr>
<tr><td>泌尿系统</td><td colspan="2">肾、膀胱、尿道</td><td colspan="6">尚未发育</td></tr>
<tr><td rowspan="2">循环系统</td><td colspan="2">血管、脾脏</td><td colspan="6">脾脏出现，多能造血干细胞开始造血，可分辨出原始脾索和脾窦</td></tr>
<tr><td colspan="2">心脏、心肌、心血管</td><td colspan="6">心脏与心血管逐步成长，具备运输能量的能力</td></tr>
<tr><td rowspan="2">生殖系统</td><td rowspan="2">生殖器官</td><td>男</td><td colspan="6">生殖脊逐渐形成原始性索，在遗传因素的调控下，分化为性腺</td></tr>
<tr><td>女</td><td colspan="6">生殖脊逐渐形成原始性索，在遗传因素的调控下，分化为性腺</td></tr>
<tr><td colspan="3">内分泌系统（激素）</td><td colspan="6">甲状旁腺开始出现，下丘脑远侧细胞开始分化，松果体开始出现神经嵴细胞逐渐移向皮质内侧，松果体原基形成</td></tr>
<tr><td rowspan="5">人体感官</td><td colspan="2">眼（视觉）</td><td colspan="6">视网膜开始形成，角膜、巩膜开始形成</td></tr>
<tr><td colspan="2">耳（听觉）</td><td colspan="6">耳朵开始形成</td></tr>
<tr><td colspan="2">鼻（嗅觉）</td><td colspan="6">嗅觉还未形成</td></tr>
<tr><td colspan="2">皮肤（触觉）</td><td colspan="6">触觉还未形成</td></tr>
<tr><td colspan="2">口腔、舌（味觉）、牙</td><td colspan="6">口腔与味觉感受器还未形成</td></tr>
</table>

表3—3 系统分析表（孕期12周）

<table>
<tr><td>编号003</td><td colspan="8">系统分析表</td></tr>
<tr><td colspan="9">生命长度：孕期12周</td></tr>
<tr><td>营养来源</td><td colspan="2">分析要素</td><td colspan="3">男</td><td colspan="3">女</td></tr>
<tr><td rowspan="4">母体</td><td colspan="2" rowspan="2">身高（cm）</td><td>低</td><td>正常</td><td>高</td><td>低</td><td>正常</td><td>高</td></tr>
<tr><td></td><td></td><td></td><td></td><td></td><td></td></tr>
<tr><td colspan="2" rowspan="2">体重（g）</td><td>低</td><td>正常</td><td>高</td><td>低</td><td>正常</td><td>高</td></tr>
<tr><td></td><td></td><td></td><td></td><td></td><td></td></tr>
<tr><td>系统名称</td><td colspan="2">主要器官</td><td colspan="6">描述和分析</td></tr>
<tr><td>神经系统</td><td colspan="2">大脑、神经、脊髓</td><td colspan="6">神经管发育成大脑脊髓，脊神经从脊髓伸展开</td></tr>
<tr><td>呼吸系统</td><td colspan="2">呼吸道、肺、肺血管</td><td colspan="6">呼吸系统逐步发育</td></tr>
<tr><td rowspan="2">运动系统</td><td colspan="2">肌肉（639块）</td><td colspan="6">各种肌肉随躯体成长</td></tr>
<tr><td colspan="2">骨骼（206块）</td><td colspan="6">脊柱轮廓清晰可见</td></tr>
<tr><td rowspan="3">消化系统</td><td colspan="2">口腔、食管、胃</td><td colspan="6">颈黏液细胞出现</td></tr>
<tr><td colspan="2">肝、胆、胰</td><td colspan="6">分泌胆汁</td></tr>
<tr><td colspan="2">小肠、大肠、直肠</td><td colspan="6">尚未发育</td></tr>
<tr><td>泌尿系统</td><td colspan="2">肾、膀胱、尿道</td><td colspan="6">肾脏形成且具有排尿功能</td></tr>
<tr><td rowspan="2">循环系统</td><td colspan="2">血管、脾脏</td><td colspan="6">淋巴B细胞开始分化，许多淋巴囊发展成早期淋巴结群，多能造血干细胞通过肝进入脾，分化为各种类型的造血祖细胞和前体细胞</td></tr>
<tr><td colspan="2">心脏、心肌、心血管</td><td colspan="6">心脏与心血管逐步成长，具备运输能量的能力</td></tr>
<tr><td rowspan="2">生殖系统</td><td rowspan="2">生殖器官</td><td>男</td><td colspan="6">生殖脊逐渐形成原始性索，在遗传因素的调控下，分化为性腺</td></tr>
<tr><td>女</td><td colspan="6">生殖脊逐渐形成原始性索，在遗传因素的调控下，分化为性腺</td></tr>
<tr><td colspan="3">内分泌系统（激素）</td><td colspan="6">下丘脑远侧细胞开始分化</td></tr>
<tr><td rowspan="5">人体感官</td><td colspan="2">眼（视觉）</td><td colspan="6">眼睑闭合，眼睛接近固有位置</td></tr>
<tr><td colspan="2">耳（听觉）</td><td colspan="6">中耳形成，耳朵接近固有位置</td></tr>
<tr><td colspan="2">鼻（嗅觉）</td><td colspan="6">嗅觉还未形成</td></tr>
<tr><td colspan="2">皮肤（触觉）</td><td colspan="6">触觉还未形成</td></tr>
<tr><td colspan="2">口腔、舌（味觉）、牙</td><td colspan="6">味觉感受器开始发育</td></tr>
</table>

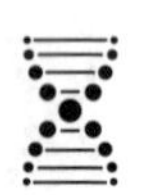

表3—4 系统分析表（孕期16周）

编号004	系统分析表							
生命长度：孕期16周								
营养来源	分析要素		男			女		
母体	身高（cm）		低	正常	高	低	正常	高
	体重（g）		低	正常	高	低	正常	高
系统名称	主要器官		描述和分析					
神经系统	大脑、神经、脊髓		神经髓鞘生长					
呼吸系统	呼吸道、肺、肺血管		呼吸系统逐步发育					
运动系统	肌肉（639块）		各种肌肉随躯体成长					
	骨骼（206块）		骨骼发育明显					
消化系统	口腔、食管、胃		颈黏液细胞分泌黏液					
	肝、胆、胰		胰腺分泌胰脂酶					
	小肠、大肠、直肠		尚未发育					
泌尿系统	肾、膀胱、尿道		肾脏形成且具有排尿功能					
循环系统	血管、脾脏		全身毛细淋巴管网基本形成，形成很多淋巴囊，血液内出现淋巴细胞					
	心脏、心肌、心血管		心脏与心血管逐步成长，具备运输能量的能力					
生殖系统	生殖器官	男	长出前列腺					
		女	卵巢从腹部进入骨盆					
内分泌系统（激素）			发育为松果体囊					
人体感官	眼（视觉）		角膜、巩膜开始形成					
	耳（听觉）		开始能接收到声音					
	鼻（嗅觉）		嗅觉还未形成					
	皮肤（触觉）		触觉还未形成					
	口腔、舌（味觉）、牙		口腔有形成趋势					

表3—5 系统分析表（孕期20周）

编号005	系统分析表						
生命长度：孕期20周							
营养来源	分析要素	男			女		
母体	身高（cm）	低	正常	高	低	正常	高
	体重（g）	低	正常	高	低	正常	高

系统名称	主要器官		描述和分析
神经系统	大脑、神经、脊髓		神经髓鞘生长，神经成熟
呼吸系统	呼吸道、肺、肺血管		呼吸系统逐步发育
运动系统	肌肉（639块）		各种肌肉随躯体成长
	骨骼（206块）		脊椎发育
消化系统	口腔、食管、胃		胃功能逐步发育
	肝、胆、胰		胰腺分泌胰脂酶
	小肠、大肠、直肠		开始初步发育
泌尿系统	肾、膀胱、尿道		肾脏形成且具有排尿功能
循环系统	血管、脾脏		全身毛细淋巴管网逐渐形成，血液内有淋巴细胞
	心脏、心肌、心血管		心脏与心血管逐步成长，具备运输能量的能力
生殖系统	生殖器官	男	睾丸降至骨盆边缘
		女	卵巢停留在骨盆边缘
内分泌系统（激素）			发育为松果体囊
人体感官	眼（视觉）		对光线有感觉
	耳（听觉）		听觉功能进一步完善
	鼻（嗅觉）		外形逐渐明显
	皮肤（触觉）		皮肤表面的皮脂腺开始分泌胎脂，主要用于保护羊水中的皮肤
	口腔、舌（味觉）、牙		口外形逐渐明显

表3—6　系统分析表（孕期24周）

编号006	系统分析表						
生命长度：孕期24周							
营养来源	分析要素	男			女		
母体	身高（cm）	低	正常	高	低	正常	高
	体重（g）	低	正常	高	低	正常	高
系统名称	主要器官	描述和分析					
神经系统	大脑、神经、脊髓	半规管大约有成人尺寸，前庭核与小脑连接					
呼吸系统	呼吸道、肺、肺血管	呼吸系统快速发育					
运动系统	肌肉（639块）	各种肌肉随躯体成长，开始出现胎动					
	骨骼（206块）	脊椎骨、肋骨、腿骨已经初步发育					
消化系统	口腔、食管、胃	胃功能逐步发展					
	肝、胆、胰	胰腺分泌胰脂酶					
	小肠、大肠、直肠	逐步发育					
泌尿系统	肾、膀胱、尿道	肾脏形成且具有排尿功能					
循环系统	血管、脾脏	全身毛细淋巴管网逐渐形成，血液内有淋巴细胞					
	心脏、心肌、心血管	心脏与心血管逐步成长，具备运输能量的能力					
生殖系统	生殖器官 男	睾丸继续下降					
	生殖器官 女	卵巢停留在骨盆边缘					
内分泌系统（激素）		皮脂腺长出胎脂，覆盖在皮肤表面					
人体感官	眼（视觉）	眼逐步形成					
	耳（听觉）	耳朵完全形成，可以对外界声音做出反应					
	鼻（嗅觉）	开始出现嗅觉基本功能					
	皮肤（触觉）	皮肤表面的皮脂腺分泌胎脂，主要用于保护羊水中的皮肤					
	口腔、舌（味觉）、牙	味觉感受器形成					

表3—7 系统分析表（孕期28周）

编号007	系统分析表							
生命长度：孕期28周								
营养来源	分析要素		男			女		
母体	身高（cm）		低	正常	高	低	正常	高
	体重（kg）		低	正常	高	低	正常	高
系统名称	主要器官		描述和分析					
神经系统	大脑、神经、脊髓		脑组织、脑细胞和神经循环系统快速成长					
呼吸系统	呼吸道、肺、肺血管		呼吸系统快速生长					
运动系统	肌肉（639块）		各种肌肉随躯体成长					
	骨骼（206块）		骨骼发育明显					
消化系统	口腔、食管、胃		胃功能逐步发展					
	肝、胆、胰		胰腺分泌胰脂酶					
	小肠、大肠、直肠		逐步发育					
泌尿系统	肾、膀胱、尿道		肾小球过滤面积和肾小管容积都相对不足，肾脏逐渐发育完成					
循环系统	血管、脾脏		全身毛细淋巴管网逐渐形成，血液内有淋巴细胞					
	心脏、心肌、心血管		心脏与心血管逐步成长，具备运输能量的能力					
生殖系统	生殖器官	男	睾丸到达腹股沟管内口					
		女	卵巢停留在骨盆边缘					
内分泌系统（激素）			皮脂腺长出胎脂，覆盖在皮肤表面					
人体感官	眼（视觉）		眼睑完全张开					
	耳（听觉）		有了更强烈的听觉反应					
	鼻（嗅觉）		嗅觉神经中枢颞叶海马回逐渐出现					
	皮肤（触觉）		皮肤还不能分泌脂肪质，但开始变得不透明					
	口腔、舌（味觉）、牙		味觉感受器逐步完善					

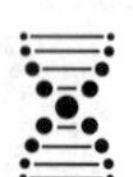

表3—8 系统分析表（孕期32周）

<table>
<tr><th>编号008</th><th colspan="7">系统分析表</th></tr>
<tr><td colspan="8">生命长度：孕期32周</td></tr>
<tr><th>营养来源</th><th>分析要素</th><th colspan="3">男</th><th colspan="3">女</th></tr>
<tr><td rowspan="4">母体</td><td rowspan="2">身高（cm）</td><td>低</td><td>正常</td><td>高</td><td>低</td><td>正常</td><td>高</td></tr>
<tr><td></td><td></td><td></td><td></td><td></td><td></td></tr>
<tr><td rowspan="2">体重（kg）</td><td>低</td><td>正常</td><td>高</td><td>低</td><td>正常</td><td>高</td></tr>
<tr><td></td><td></td><td></td><td></td><td></td><td></td></tr>
<tr><th>系统名称</th><th>主要器官</th><th colspan="6">描述和分析</th></tr>
<tr><td>神经系统</td><td>大脑、神经、脊髓</td><td colspan="6">脑组织、脑细胞和神经循环系统快速成长</td></tr>
<tr><td>呼吸系统</td><td>呼吸道、肺、肺血管</td><td colspan="6">呼吸系统基本完善</td></tr>
<tr><td rowspan="2">运动系统</td><td>肌肉（639块）</td><td colspan="6">各种肌肉随躯体成长</td></tr>
<tr><td>骨骼（206块）</td><td colspan="6">骨骼发育明显</td></tr>
<tr><td rowspan="3">消化系统</td><td>口腔、食管、胃</td><td colspan="6">胃主细胞开始分泌胃蛋白酶，活性较低</td></tr>
<tr><td>肝、胆、胰</td><td colspan="6">胰腺分泌胰脂酶</td></tr>
<tr><td>小肠、大肠、直肠</td><td colspan="6">逐步发育</td></tr>
<tr><td>泌尿系统</td><td>肾、膀胱、尿道</td><td colspan="6">肾小球过滤面积和肾小管容积都相对不足，
肾脏逐渐发育完成</td></tr>
<tr><td rowspan="2">循环系统</td><td>血管、脾脏</td><td colspan="6">全身毛细淋巴管网逐渐形成，血液内有淋巴细胞</td></tr>
<tr><td>心脏、心肌、心血管</td><td colspan="6">心脏与心血管逐步成长，具备运输能量的能力</td></tr>
<tr><td rowspan="2">生殖系统</td><td>生殖器官 男</td><td colspan="6">睾丸降入阴囊</td></tr>
<tr><td>生殖器官 女</td><td colspan="6">卵巢停留在骨盆边缘</td></tr>
<tr><td colspan="2">内分泌系统（激素）</td><td colspan="6">皮脂腺长出胎脂，覆盖在皮肤表面</td></tr>
<tr><td rowspan="5">人体感官</td><td>眼（视觉）</td><td colspan="6">眼逐步形成</td></tr>
<tr><td>耳（听觉）</td><td colspan="6">可以产生听觉记忆</td></tr>
<tr><td>鼻（嗅觉）</td><td colspan="6">开始出现初步嗅觉</td></tr>
<tr><td>皮肤（触觉）</td><td colspan="6">皮肤还不能分泌脂肪质</td></tr>
<tr><td>口腔、舌（味觉）、牙</td><td colspan="6">味觉感受器逐步完善</td></tr>
</table>

表3—9 系统分析表（孕期36周）

<table>
<tr><th>编号009</th><th colspan="8">系统分析表</th></tr>
<tr><td colspan="9">生命长度：孕期36周</td></tr>
<tr><th>营养来源</th><th colspan="2">分析要素</th><th colspan="3">男</th><th colspan="3">女</th></tr>
<tr><td rowspan="4">母体</td><td colspan="2" rowspan="2">身高（cm）</td><td>低</td><td>正常</td><td>高</td><td>低</td><td>正常</td><td>高</td></tr>
<tr><td></td><td></td><td></td><td></td><td></td><td></td></tr>
<tr><td colspan="2" rowspan="2">体重（kg）</td><td>低</td><td>正常</td><td>高</td><td>低</td><td>正常</td><td>高</td></tr>
<tr><td></td><td></td><td></td><td></td><td></td><td></td></tr>
<tr><th>系统名称</th><th colspan="2">主要器官</th><th colspan="6">描述和分析</th></tr>
<tr><td>神经系统</td><td colspan="2">大脑、神经、脊髓</td><td colspan="6">脑组织、脑细胞和神经循环系统快速成长</td></tr>
<tr><td>呼吸系统</td><td colspan="2">呼吸道、肺、肺血管</td><td colspan="6">肺中的肺泡表面活性物质含量迅速增加</td></tr>
<tr><td rowspan="2">运动系统</td><td colspan="2">肌肉（639块）</td><td colspan="6">各种肌肉随躯体成长</td></tr>
<tr><td colspan="2">骨骼（206块）</td><td colspan="6">骨骼发育明显</td></tr>
<tr><td rowspan="3">消化系统</td><td colspan="2">口腔、食管、胃</td><td colspan="6">胃主细胞开始分泌胃蛋白酶，活性较低</td></tr>
<tr><td colspan="2">肝、胆、胰</td><td colspan="6">胰腺分泌胰脂酶</td></tr>
<tr><td colspan="2">小肠、大肠、直肠</td><td colspan="6">逐步发育</td></tr>
<tr><td>泌尿系统</td><td colspan="2">肾、膀胱、尿道</td><td colspan="6">肾小球过滤面积和肾小管容积都相对不足，肾脏逐渐发育完成</td></tr>
<tr><td rowspan="2">循环系统</td><td colspan="2">血管、脾脏</td><td colspan="6">全身毛细淋巴管网逐渐形成，血液内有淋巴细胞</td></tr>
<tr><td colspan="2">心脏、心肌、心血管</td><td colspan="6">心脏与心血管逐步成长，具备运输能量的能力</td></tr>
<tr><td rowspan="2">生殖系统</td><td rowspan="2">生殖器官</td><td>男</td><td colspan="6">睾丸降入阴囊</td></tr>
<tr><td>女</td><td colspan="6">卵巢停留在骨盆边缘</td></tr>
<tr><td colspan="3">内分泌系统（激素）</td><td colspan="6">皮脂腺长出胎脂，覆盖在皮肤表面</td></tr>
<tr><td rowspan="5">人体感官</td><td colspan="2">眼（视觉）</td><td colspan="6">眼逐步形成</td></tr>
<tr><td colspan="2">耳（听觉）</td><td colspan="6">可以产生听觉记忆</td></tr>
<tr><td colspan="2">鼻（嗅觉）</td><td colspan="6">有初步嗅觉</td></tr>
<tr><td colspan="2">皮肤（触觉）</td><td colspan="6">皮肤还不能分泌脂肪质</td></tr>
<tr><td colspan="2">口腔、舌（味觉）、牙</td><td colspan="6">味觉感受器逐步完善</td></tr>
</table>

2. 从胎儿到新生儿

受精卵经过266天辛勤工作造出一个足月的胎儿，按计划是要脱离母亲身体成为新生儿，逐步走向独立自主的生活。能不能不出生而继续依靠母亲生活呢？经验和实践告诉我们那是不行的。

从胎儿到新生儿的过程医学上叫“分娩”，特指胎儿脱离母体成为独自存在个体的过程，是一个真正生命诞生的过程。这个过程在过去蕴含着极大的风险，古话说“儿奔活，娘奔死”。随着现代医学的发展，现在只要孕妇在正规医院分娩，各种风险基本都是可控的，能确保母子平安。

从胎儿到新生儿的过程也是外部世界确认这个生命的过程。首先，新生儿必须向外界展示自己是一个活着的人，因此他要做一些事情：哭两声、手舞足蹈是小意思，关键是脐带剪断后，新生儿与母体的联系断开，新生儿已没有了氧和营养的来源，他必须立即启动肺功能，开始呼吸，从外面获取氧气维持生命，让呼吸系统进入正常运转状况；其次，启动消化系统，把获取营养的路径改变到消化道来，然后努力吃奶，以检查消化系统的功能；再次，撒泡尿试试，检查一下泌尿系统，确保排出身体中的废物和多余液体，保持体内环境平衡、稳定。这几件事情做完，小生命心满意足地去睡觉，其他人爱干吗干吗。

中国人对出生时间非常重视，用生辰八字来表示，是一个人的干支历日期，民间迷信的说法是可以推测人的事业、婚姻、财运、学业、健康等方方面面，在民俗中占有重要地位。

新生儿健康生活几天以后，所在医院将为其开具“出生医学证明”，现在还有电子版。“出生医学证明”上面有新生儿的姓名、性别、出生日期、父母亲姓名、民族、国籍等等。出生日期印有年、月、日、时、分。

表3—10 系统分析表（0天）

<table>
<tr><th>编号010</th><th colspan="8">系统分析表</th></tr>
<tr><td colspan="9">生命长度：0天</td></tr>
<tr><th>营养来源</th><th colspan="2">分析要素</th><th colspan="3">男</th><th colspan="3">女</th></tr>
<tr><td rowspan="4">家庭</td><td colspan="2" rowspan="2">身高（cm）</td><td>低</td><td>正常</td><td>高</td><td>低</td><td>正常</td><td>高</td></tr>
<tr><td></td><td></td><td></td><td></td><td></td><td></td></tr>
<tr><td colspan="2" rowspan="2">体重（kg）</td><td>低</td><td>正常</td><td>高</td><td>低</td><td>正常</td><td>高</td></tr>
<tr><td></td><td></td><td></td><td></td><td></td><td></td></tr>
<tr><th>系统名称</th><th colspan="2">主要器官</th><th colspan="6">描述和分析</th></tr>
<tr><td>神经系统</td><td colspan="2">大脑、神经、脊髓</td><td colspan="6">脑重约950g</td></tr>
<tr><td>呼吸系统</td><td colspan="2">呼吸道、肺、肺血管</td><td colspan="6">肺部是最后一个发育成熟的器官</td></tr>
<tr><td rowspan="2">运动系统</td><td colspan="2">肌肉（639块）</td><td colspan="6">各种肌肉随躯体成长</td></tr>
<tr><td colspan="2">骨骼（206块）</td><td colspan="6">颅骨缝分离，后囟闭合或两个月内闭合</td></tr>
<tr><td rowspan="3">消化系统</td><td colspan="2">口腔、食管、胃</td><td colspan="6">胃容积大约30—60ml，最早出现觅食反射</td></tr>
<tr><td colspan="2">肝、胆、胰</td><td colspan="6">胰腺分泌胰脂酶</td></tr>
<tr><td colspan="2">小肠、大肠、直肠</td><td colspan="6">肠黏膜发育良好，含有丰富的血管及淋巴，肠管有发育良好的绒毛</td></tr>
<tr><td>泌尿系统</td><td colspan="2">肾、膀胱、尿道</td><td colspan="6">肾小球过滤面积和肾小管容积都相对不足，肾脏逐渐发育完成</td></tr>
<tr><td rowspan="2">循环系统</td><td colspan="2">血管、脾脏</td><td colspan="6">淋巴系统防御和保护功能比较明显</td></tr>
<tr><td colspan="2">心脏、心肌、心血管</td><td colspan="6">心脏同步成长，心率较快</td></tr>
<tr><td rowspan="2">生殖系统</td><td rowspan="2">生殖器官</td><td>男</td><td colspan="6">性腺功能处于抑制状态，体内性激素浓度十分低</td></tr>
<tr><td>女</td><td colspan="6">性腺功能处于抑制状态，体内性激素浓度十分低</td></tr>
<tr><td colspan="3">内分泌系统（激素）</td><td colspan="6">甲状腺已经形成，分泌甲状腺激素</td></tr>
<tr><td rowspan="5">人体感官</td><td colspan="2">眼（视觉）</td><td colspan="6">视觉逐步形成</td></tr>
<tr><td colspan="2">耳（听觉）</td><td colspan="6">可以产生听觉记忆</td></tr>
<tr><td colspan="2">鼻（嗅觉）</td><td colspan="6">有初步的嗅觉，偏爱母亲体味</td></tr>
<tr><td colspan="2">皮肤（触觉）</td><td colspan="6">唇部出现原始感觉细胞，末梢出现神经小体，逐渐出现相应的反射动作</td></tr>
<tr><td colspan="2">口腔、舌（味觉）、牙</td><td colspan="6">味觉感受器逐步完善</td></tr>
</table>

表3—11 系统分析表（1个月）

<table>
<tr><th>编号011</th><th colspan="8">系统分析表</th></tr>
<tr><td colspan="9">生命长度：1个月</td></tr>
<tr><th>营养来源</th><th>分析要素</th><th colspan="3">男</th><th colspan="4">女</th></tr>
<tr><td rowspan="4">家庭</td><td rowspan="2">身高（cm）</td><td>低</td><td>正常</td><td>高</td><td>低</td><td colspan="2">正常</td><td>高</td></tr>
<tr><td>51.3</td><td>53.8—56.5</td><td>59.0</td><td>50.4</td><td colspan="2">52.8—55.4</td><td>57.8</td></tr>
<tr><td rowspan="2">体重（kg）</td><td>低</td><td>正常</td><td>高</td><td>低</td><td colspan="2">正常</td><td>高</td></tr>
<tr><td>3.70</td><td>4.20—4.90</td><td>5.60</td><td>3.50</td><td colspan="2">4.00—4.60</td><td>5.30</td></tr>
<tr><th>系统名称</th><th>主要器官</th><th colspan="7">描述和分析</th></tr>
<tr><td>神经系统</td><td>大脑、神经、脊髓</td><td colspan="7">顺应性反应，可以感受到重力</td></tr>
<tr><td>呼吸系统</td><td>呼吸道、肺、肺血管</td><td colspan="7">肺功能逐步成熟</td></tr>
<tr><td rowspan="2">运动系统</td><td>肌肉（639块）</td><td colspan="7">出现抓握反射</td></tr>
<tr><td>骨骼（206块）</td><td colspan="7">头颅骨质地较硬，软骨逐渐变硬为骨骼</td></tr>
<tr><td rowspan="3">消化系统</td><td>口腔、食管、胃</td><td colspan="7">胃容积增加</td></tr>
<tr><td>肝、胆、胰</td><td colspan="7">胰腺分泌胰脂酶</td></tr>
<tr><td>小肠、大肠、直肠</td><td colspan="7">肠黏膜发育良好，含有丰富的血管及淋巴，肠管有发育良好的绒毛</td></tr>
<tr><td>泌尿系统</td><td>肾、膀胱、尿道</td><td colspan="7">肾脏发育正常，能够正常排尿</td></tr>
<tr><td rowspan="2">循环系统</td><td>血管、脾脏</td><td colspan="7">淋巴系统防御和保护功能比较明显</td></tr>
<tr><td>心脏、心肌、心血管</td><td colspan="7">心脏同步成长，心率较快</td></tr>
<tr><td rowspan="2">生殖系统</td><td rowspan="2">生殖器官</td><td>男</td><td colspan="6">性腺功能处于抑制状态，体内性激素浓度十分低</td></tr>
<tr><td>女</td><td colspan="6">性腺功能处于抑制状态，体内性激素浓度十分低</td></tr>
<tr><td colspan="2">内分泌系统（激素）</td><td colspan="7">甲状腺已经形成，分泌甲状腺激素</td></tr>
<tr><td rowspan="5">人体感官</td><td>眼（视觉）</td><td colspan="7">双眼能聚焦，使视觉跟随同一样东西</td></tr>
<tr><td>耳（听觉）</td><td colspan="7">能辨别音素、发音方式及位置</td></tr>
<tr><td>鼻（嗅觉）</td><td colspan="7">有初步的嗅觉，偏爱母亲体味</td></tr>
<tr><td>皮肤（触觉）</td><td colspan="7">触觉有反应，不能确定受刺激部位，不能出现局部逃避反应，只是引起全身性运动</td></tr>
<tr><td>口腔、舌（味觉）、牙</td><td colspan="7">有初步的味觉，能判断东西的味道</td></tr>
</table>

表3—12　系统分析表（2个月）

<table>
<tr><th>编号012</th><th colspan="7">系统分析表</th></tr>
<tr><td colspan="8">生命长度：2个月</td></tr>
<tr><th>营养来源</th><th>分析要素</th><th colspan="3">男</th><th colspan="3">女</th></tr>
<tr><td rowspan="4">家庭</td><td rowspan="2">身高（cm）</td><td>低</td><td>正常</td><td>高</td><td>低</td><td>正常</td><td>高</td></tr>
<tr><td>54.9</td><td>57.5—60.4</td><td>63.0</td><td>53.8</td><td>56.3—59.1</td><td>61.6</td></tr>
<tr><td rowspan="2">体重（kg）</td><td>低</td><td>正常</td><td>高</td><td>低</td><td>正常</td><td>高</td></tr>
<tr><td>4.70</td><td>5.40—6.20</td><td>7.10</td><td>4.40</td><td>5.00—5.80</td><td>6.60</td></tr>
<tr><th>系统名称</th><th colspan="2">主要器官</th><th colspan="5">描述和分析</th></tr>
<tr><td>神经系统</td><td colspan="2">大脑、神经、脊髓</td><td colspan="5">体感皮层活动加快</td></tr>
<tr><td>呼吸系统</td><td colspan="2">呼吸道、肺、肺血管</td><td colspan="5">肺功能逐步成熟</td></tr>
<tr><td rowspan="2">运动系统</td><td colspan="2">肌肉（639块）</td><td colspan="5">抓握反射消失</td></tr>
<tr><td colspan="2">骨骼（206块）</td><td colspan="5">软骨已经变硬成为骨骼</td></tr>
<tr><td rowspan="3">消化系统</td><td colspan="2">口腔、食管、胃</td><td colspan="5">胃容积增加</td></tr>
<tr><td colspan="2">肝、胆、胰</td><td colspan="5">胰腺分泌胰脂酶</td></tr>
<tr><td colspan="2">小肠、大肠、直肠</td><td colspan="5">肠黏膜发育良好，含有丰富的血管及淋巴，肠管有发育良好的绒毛</td></tr>
<tr><td>泌尿系统</td><td colspan="2">肾、膀胱、尿道</td><td colspan="5">肾脏发育正常，能够正常排尿</td></tr>
<tr><td rowspan="2">循环系统</td><td colspan="2">血管、脾脏</td><td colspan="5">淋巴系统防御和保护功能比较明显</td></tr>
<tr><td colspan="2">心脏、心肌、心血管</td><td colspan="5">心脏同步成长，心率较快</td></tr>
<tr><td rowspan="2">生殖系统</td><td rowspan="2">生殖器官</td><td>男</td><td colspan="5">性腺功能处于抑制状态，体内性激素浓度十分低</td></tr>
<tr><td>女</td><td colspan="5">性腺功能处于抑制状态，体内性激素浓度十分低</td></tr>
<tr><td colspan="3">内分泌系统（激素）</td><td colspan="5">垂体充分发育，能分泌激素</td></tr>
<tr><td rowspan="5">人体感官</td><td colspan="2">眼（视觉）</td><td colspan="5">视力已发展到能看清1m以内的东西</td></tr>
<tr><td colspan="2">耳（听觉）</td><td colspan="5">能分辨出熟悉的声音</td></tr>
<tr><td colspan="2">鼻（嗅觉）</td><td colspan="5">积累了一定的经验，对难闻的气味有反应</td></tr>
<tr><td colspan="2">皮肤（触觉）</td><td colspan="5">可以对母亲和父亲的接触做出反应</td></tr>
<tr><td colspan="2">口腔、舌（味觉）、牙</td><td colspan="5">味觉敏感，能感受到各种味道，但最喜欢甜味</td></tr>
</table>

表3—13　系统分析表（3个月）

编号013	系统分析表						
生命长度：3个月							
营养来源	分析要素	男			女		
家庭	身高（cm）	低	正常	高	低	正常	高
		58.0	60.7—63.7	66.4	56.7	59.3—62.2	64.8
	体重（kg）	低	正常	高	低	正常	高
		5.50	6.30—7.30	8.30	5.10	5.80—6.70	7.60

系统名称	主要器官		描述和分析
神经系统	大脑、神经、脊髓		体感皮层控制知觉、推理等活动
呼吸系统	呼吸道、肺、肺血管		肺功能逐步成熟
运动系统	肌肉（639块）		出现巴宾斯基反射
	骨骼（206块）		脊柱出现第一个弯曲，头状骨和钩骨骨化中心出现，颈椎前凸
消化系统	口腔、食管、胃		唾液的分泌量增加，胃容积大约100ml，活性逐渐增强
	肝、胆、胰		胰腺逐步发育，胰液分泌量增多
	小肠、大肠、直肠		肠黏膜发育良好，含有丰富的血管及淋巴，肠管有发育良好的绒毛
泌尿系统	肾、膀胱、尿道		肾脏发育正常，能够正常排尿
循环系统	血管、脾脏		淋巴系统防御和保护功能比较明显
	心脏、心肌、心血管		心脏同步成长，心率较快
生殖系统	生殖器官	男	性腺功能处于抑制状态，体内性激素浓度十分低
		女	性腺功能处于抑制状态，体内性激素浓度十分低
内分泌系统（激素）			垂体发育，能分泌激素
人体感官	眼（视觉）		视觉有了发展，最远视觉距离达4—7m，能分辨红色和黄色
	耳（听觉）		具有一定分辨声音方向的能力
	鼻（嗅觉）		对刺激性气味反应较强烈
	皮肤（触觉）		手心和脚心有触觉反应
	口腔、舌（味觉）、牙		没有乳牙萌出

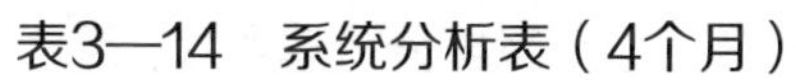

表3—14 系统分析表（4个月）

编号014	系统分析表						
生命长度：4个月							
营养来源	分析要素	男			女		
家庭	身高（cm）	低	正常	高	低	正常	高
		60.5	63.3—66.4	69.1	59.1	61.7—64.8	67.4
	体重（kg）	低	正常	高	低	正常	高
		6.10	7.00—8.10	9.20	5.60	6.40—7.40	8.40
系统名称	主要器官		描述和分析				
神经系统	大脑、神经、脊髓		对重力敏感				
呼吸系统	呼吸道、肺、肺血管		肺功能逐步成熟				
运动系统	肌肉（639块）		觅食反射消退				
	骨骼（206块）		头颅颅骨缝闭合				
消化系统	口腔、食管、胃		唾液的分泌量增加				
	肝、胆、胰		胰腺逐步发育，胰液分泌量增多				
	小肠、大肠、直肠		肠黏膜发育良好，含有丰富的血管及淋巴，肠管有发育良好的绒毛				
泌尿系统	肾、膀胱、尿道		肾脏发育正常，能够正常排尿				
循环系统	血管、脾脏		淋巴系统防御和保护功能比较明显				
	心脏、心肌、心血管		心脏同步成长，心率较快				
生殖系统	生殖器官	男	性腺功能处于抑制状态，体内性激素浓度十分低				
		女	性腺功能处于抑制状态，体内性激素浓度十分低				
内分泌系统（激素）			松果体、胰岛、性腺分泌对应激素				
人体感官	眼（视觉）		可以注意到一些小东西				
	耳（听觉）		听觉发展较快，可以分辨父母声音和音乐声音				
	鼻（嗅觉）		能够稳定区分气味				
	皮肤（触觉）		触觉进一步发展，能用手去探索世界				
	口腔、舌（味觉）、牙		味觉功能发育迅速，能分辨味道				

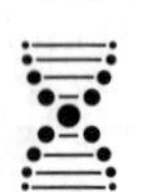

表3—15 系统分析表（5个月）

编号015	系统分析表							
生命长度：5个月								
营养来源	分析要素		男			女		
家庭	身高（cm）		低	正常	高	低	正常	高
			62.5	65.4—68.5	71.3	61.0	63.8—66.9	69.6
	体重（kg）		低	正常	高	低	正常	高
			6.60	7.50—8.60	9.80	6.00	6.90—7.90	9.10
系统名称	主要器官		描述和分析					
神经系统	大脑、神经、脊髓		对重力敏感					
呼吸系统	呼吸道、肺、肺血管		肺功能逐步成熟					
运动系统	肌肉（639块）		获得了防御反射					
	骨骼（206块）		胸椎后凸					
消化系统	口腔、食管、胃		获得了吞咽反射					
	肝、胆、胰		胰腺逐步发育，胰液分泌量增多					
	小肠、大肠、直肠		肠黏膜发育良好，含有丰富的血管及淋巴，肠管有发育良好的绒毛					
泌尿系统	肾、膀胱、尿道		肾脏发育正常，能够正常排尿					
循环系统	血管、脾脏		淋巴系统防御和保护功能比较明显					
	心脏、心肌、心血管		心脏同步成长，心率较快					
生殖系统	生殖器官	男	性腺功能处于抑制状态，体内性激素浓度十分低					
		女	性腺功能处于抑制状态，体内性激素浓度十分低					
内分泌系统（激素）			松果体、胰岛、性腺分泌对应激素					
人体感官	眼（视觉）		视觉又有了进一步的发展，看物品渐渐有立体感影像，能确定周围物品位置					
	耳（听觉）		听觉更加灵敏，对许多声音都能做出反应					
	鼻（嗅觉）		能够稳定区分气味					
	皮肤（触觉）		会抓摸自己的身体					
	口腔、舌（味觉）、牙		味觉功能发育迅速，能分辨味道					

表3—16 系统分析表（6个月）

编号016	系统分析表						
生命长度：6个月							
营养来源	分析要素	男			女		
家庭	身高（cm）	低	正常	高	低	正常	高
		64.2	67.1—70.3	73.2	62.7	65.5—68.7	71.5
	体重（kg）	低	正常	高	低	正常	高
		6.90	7.90—9.10	10.30	6.40	7.20—8.40	9.60
系统名称	主要器官	描述和分析					
神经系统	大脑、神经、脊髓	额叶开始变得活跃，对重力敏感					
呼吸系统	呼吸道、肺、肺血管	肺功能逐步成熟					
运动系统	肌肉（639块）	肌肉系统发育，能做一些简单活动					
	骨骼（206块）	脊椎出现第二个弯曲，即腰椎向后突起，这使他能短暂地独坐片刻					
消化系统	口腔、食管、胃	唾液分泌更旺盛，常流口水，胃酸达到成人水平					
	肝、胆、胰	脂肪酶和胆盐达到可消化脂肪的水平，胰腺开始分泌胰淀粉酶					
	小肠、大肠、直肠	肠黏膜发育良好，含有丰富的血管及淋巴，肠管有发育良好的绒毛					
泌尿系统	肾、膀胱、尿道	肾脏发育正常，能够正常排尿					
循环系统	血管、脾脏	淋巴系统防御和保护功能比较明显					
	心脏、心肌、心血管	心脏同步成长，心率较快					
生殖系统	生殖器官 男	性腺功能处于抑制状态，体内性激素浓度十分低					
	生殖器官 女	性腺功能处于抑制状态，体内性激素浓度十分低					
内分泌系统（激素）		松果体、胰岛、性腺分泌对应激素					
人体感官	眼（视觉）	能注视远距离物体，对色彩鲜艳的东西能注视30秒					
	耳（听觉）	能听得懂父母严厉和温柔的声音					
	鼻（嗅觉）	可以比较精准地分辨各种味道					
	皮肤（触觉）	眼、口周、手掌、足底等部位的触觉已很灵敏，前臂、大腿、躯干的触觉也比较敏感，痛觉和温度觉也很灵敏					
	口腔、舌（味觉）、牙	对食物喜好明显，开始长牙					

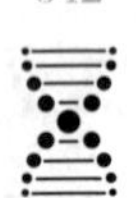

表3—17　系统分析表（7个月）

<table>
<tr><th>编号017</th><th colspan="8">系统分析表</th></tr>
<tr><td colspan="9">生命长度：7个月</td></tr>
<tr><th>营养来源</th><th colspan="2">分析要素</th><th colspan="3">男</th><th colspan="3">女</th></tr>
<tr><td rowspan="4">家庭</td><td colspan="2" rowspan="2">身高（cm）</td><td>低</td><td>正常</td><td>高</td><td>低</td><td>正常</td><td>高</td></tr>
<tr><td>65.7</td><td>68.7—71.9</td><td>74.9</td><td>64.2</td><td>67.1—70.3</td><td>73.1</td></tr>
<tr><td colspan="2" rowspan="2">体重（kg）</td><td>低</td><td>正常</td><td>高</td><td>低</td><td>正常</td><td>高</td></tr>
<tr><td>7.20</td><td>8.20—9.50</td><td>10.80</td><td>6.70</td><td>7.60—8.80</td><td>10.00</td></tr>
<tr><th>系统名称</th><th colspan="2">主要器官</th><th colspan="6">描述和分析</th></tr>
<tr><td>神经系统</td><td colspan="2">大脑、神经、脊髓</td><td colspan="6">额叶开始变得活跃，对重力敏感</td></tr>
<tr><td>呼吸系统</td><td colspan="2">呼吸道、肺、肺血管</td><td colspan="6">肺功能逐步成熟</td></tr>
<tr><td rowspan="2">运动系统</td><td colspan="2">肌肉（639块）</td><td colspan="6">肌肉系统发育，能做一些简单活动</td></tr>
<tr><td colspan="2">骨骼（206块）</td><td colspan="6">已能坐着吃奶</td></tr>
<tr><td rowspan="3">消化系统</td><td colspan="2">口腔、食管、胃</td><td colspan="6">唾液分泌更旺盛，常流口水，胃酸达到成人水平</td></tr>
<tr><td colspan="2">肝、胆、胰</td><td colspan="6">脂肪酶和胆盐达到可消化脂肪的水平</td></tr>
<tr><td colspan="2">小肠、大肠、直肠</td><td colspan="6">肠黏膜发育良好，含有丰富的血管及淋巴，肠管有发育良好的绒毛</td></tr>
<tr><td>泌尿系统</td><td colspan="2">肾、膀胱、尿道</td><td colspan="6">肾脏发育正常，能够正常排尿</td></tr>
<tr><td rowspan="2">循环系统</td><td colspan="2">血管、脾脏</td><td colspan="6">淋巴系统防御和保护功能比较明显</td></tr>
<tr><td colspan="2">心脏、心肌、心血管</td><td colspan="6">心脏同步成长，心率较快</td></tr>
<tr><td rowspan="2">生殖系统</td><td rowspan="2">生殖器官</td><td>男</td><td colspan="6">性腺功能处于抑制状态，体内性激素浓度十分低</td></tr>
<tr><td>女</td><td colspan="6">性腺功能处于抑制状态，体内性激素浓度十分低</td></tr>
<tr><td colspan="3">内分泌系统（激素）</td><td colspan="6">松果体、胰岛、性腺分泌对应激素</td></tr>
<tr><td rowspan="5">人体感官</td><td colspan="2">眼（视觉）</td><td colspan="6">远距离视觉开始发展，具有了一定观察力</td></tr>
<tr><td colspan="2">耳（听觉）</td><td colspan="6">能确定音源，能区别语音的意义，并能学习发声</td></tr>
<tr><td colspan="2">鼻（嗅觉）</td><td colspan="6">能区别可以让他愉快或者不愉快的气味</td></tr>
<tr><td colspan="2">皮肤（触觉）</td><td colspan="6">会有明显的痛觉、触摸感觉，能感受温度上的差别</td></tr>
<tr><td colspan="2">口腔、舌（味觉）、牙</td><td colspan="6">长牙2—3颗，不同个体有区别</td></tr>
</table>

表3—18 系统分析表（8个月）

<table>
<tr><th>编号018</th><th colspan="7">系统分析表</th></tr>
<tr><td colspan="8">生命长度：8个月</td></tr>
<tr><th>营养来源</th><th>分析要素</th><th colspan="3">男</th><th colspan="3">女</th></tr>
<tr><td rowspan="4">家庭</td><td rowspan="2">身高（cm）</td><td>低</td><td>正常</td><td>高</td><td>低</td><td>正常</td><td>高</td></tr>
<tr><td>67.1</td><td>70.1—73.4</td><td>76.4</td><td>65.6</td><td>68.5—71.7</td><td>74.7</td></tr>
<tr><td rowspan="2">体重（kg）</td><td>低</td><td>正常</td><td>高</td><td>低</td><td>正常</td><td>高</td></tr>
<tr><td>7.50</td><td>8.50—9.80</td><td>11.10</td><td>6.90</td><td>7.90—9.10</td><td>10.40</td></tr>
<tr><th>系统名称</th><th>主要器官</th><th colspan="6">描述和分析</th></tr>
<tr><td>神经系统</td><td>大脑、神经、脊髓</td><td colspan="6">触发情感、依恋、注意力等发育，与额叶有关</td></tr>
<tr><td>呼吸系统</td><td>呼吸道、肺、肺血管</td><td colspan="6">肺功能逐步成熟</td></tr>
<tr><td rowspan="2">运动系统</td><td>肌肉（639块）</td><td colspan="6">肌肉系统发育，能做一些简单活动</td></tr>
<tr><td>骨骼（206块）</td><td colspan="6">已能坐着吃奶</td></tr>
<tr><td rowspan="3">消化系统</td><td>口腔、食管、胃</td><td colspan="6">唾液分泌旺盛，常流口水，胃酸达到成人水平</td></tr>
<tr><td>肝、胆、胰</td><td colspan="6">脂肪酶和胆盐达到可消化脂肪的水平</td></tr>
<tr><td>小肠、大肠、直肠</td><td colspan="6">肠管较长，总长度约为其身长的6倍</td></tr>
<tr><td>泌尿系统</td><td>肾、膀胱、尿道</td><td colspan="6">肾脏发育正常，能够正常排尿</td></tr>
<tr><td rowspan="2">循环系统</td><td>血管、脾脏</td><td colspan="6">淋巴系统防御和保护功能比较明显</td></tr>
<tr><td>心脏、心肌、心血管</td><td colspan="6">心脏同步成长，心率较快</td></tr>
<tr><td rowspan="2">生殖系统</td><td rowspan="2">生殖器官</td><td>男</td><td colspan="5">性腺功能处于抑制状态，体内性激素浓度十分低</td></tr>
<tr><td>女</td><td colspan="5">性腺功能处于抑制状态，体内性激素浓度十分低</td></tr>
<tr><td colspan="2">内分泌系统（激素）</td><td colspan="6">松果体、胰岛、性腺分泌对应激素</td></tr>
<tr><td rowspan="5">人体感官</td><td>眼（视觉）</td><td colspan="6">出现视深度感觉，能看到小物体，目光会随着物体上下、左右方向转动</td></tr>
<tr><td>耳（听觉）</td><td colspan="6">能进一步区分声音和语言的意义</td></tr>
<tr><td>鼻（嗅觉）</td><td colspan="6">对芳香气味会有所反应，可以区分喜欢的味道与不喜欢的味道</td></tr>
<tr><td>皮肤（触觉）</td><td colspan="6">前臂、大腿、躯干的触觉更敏感</td></tr>
<tr><td>口腔、舌（味觉）、牙</td><td colspan="6">对食物的味道改变已特别敏感，可以添加其他辅食；牙齿一般已长3—5颗</td></tr>
</table>

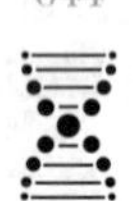

表3—19　系统分析表（9个月）

编号019	系统分析表						
生命长度：9个月							
营养来源	分析要素	男			女		
家庭	身高（cm）	低	正常	高	低	正常	高
		68.3	71.4—74.7	77.8	66.8	69.8—73.1	76.1
	体重（kg）	低	正常	高	低	正常	高
		7.70	8.70—10.10	11.50	7.20	8.10—9.40	10.80
系统名称	主要器官	描述和分析					
神经系统	大脑、神经、脊髓	脑细胞成长、完善高峰期					
呼吸系统	呼吸道、肺、肺血管	肺功能逐步成熟					
运动系统	肌肉（639块）	肌肉系统发育，能做一些简单活动					
	骨骼（206块）	颈椎前凸。能坐后，出现腰椎后凸					
消化系统	口腔、食管、胃	唾液的分泌量增加，胃容积大约200ml					
	肝、胆、胰	脂肪酶和胆盐达到可消化脂肪的水平					
	小肠、大肠、直肠	肠管较长，总长度约为其身长的6倍					
泌尿系统	肾、膀胱、尿道	肾脏发育正常，能够正常排尿					
循环系统	血管、脾脏	淋巴系统防御和保护功能比较明显					
	心脏、心肌、心血管	心脏同步成长，心率较快					
生殖系统	生殖器官　男	性腺功能处于抑制状态，体内性激素浓度十分低					
	生殖器官　女	性腺功能处于抑制状态，体内性激素浓度十分低					
内分泌系统（激素）		松果体、胰岛、性腺分泌对应激素					
人体感官	眼（视觉）	视觉进一步发展					
	耳（听觉）	能进一步确定声源，具有分辨音色能力					
	鼻（嗅觉）	对芳香气味做出明确的反应					
	皮肤（触觉）	触觉定位越来越清晰，开始能逐步分辨出所接触的不同材质的温、凉、软、硬等					
	口腔、舌（味觉）、牙	长牙4—6颗，能分辨各种味道，并且对食物的喜好表现得很明显					

表3—20 系统分析表（10个月）

编号020	系统分析表						
生命长度：10个月							
营养来源	分析要素	男			女		
家庭	身高（cm）	低	正常	高	低	正常	高
		69.5	72.6—76.0	79.1	68.1	71.1—74.5	77.5
	体重（kg）	低	正常	高	低	正常	高
		7.90	9.00—10.30	11.80	7.40	8.30—9.60	11.10

系统名称	主要器官		描述和分析
神经系统	大脑、神经、脊髓		大脑进入学习记忆阶段
呼吸系统	呼吸道、肺、肺血管		肺功能逐步成熟
运动系统	肌肉（639块）		肌肉系统发育，能做一些简单活动
	骨骼（206块）		四肢动作的协调性有很大的进步，爬的技能熟练多了，活动能力也有所增强
消化系统	口腔、食管、胃		胃容积约250ml
	肝、胆、胰		脂肪酶和胆盐达到可消化脂肪的水平
	小肠、大肠、直肠		肠管较长，总长度约为其身长的6倍
泌尿系统	肾、膀胱、尿道		肾脏发育正常，能够正常排尿
循环系统	血管、脾脏		淋巴系统防御和保护功能比较明显
	心脏、心肌、心血管		心脏同步成长，心率较快
生殖系统	生殖器官	男	性腺功能处于抑制状态，体内性激素浓度十分低
		女	性腺功能处于抑制状态，体内性激素浓度十分低
内分泌系统（激素）			松果体、胰岛、性腺分泌对应激素
人体感官	眼（视觉）		能识别垂直距离
	耳（听觉）		有清楚的定位运动，能主动向声源方向转头
	鼻（嗅觉）		分辨气味的能力进一步提升
	皮肤（触觉）		触觉定位逐步清晰，能分辨出所接触的不同材质的温、凉、软、硬等
	口腔、舌（味觉）、牙		长牙4—6颗，会表现出对甜味和盐味的爱好

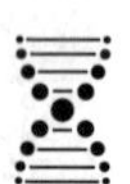

表3—21　系统分析表（11个月）

编号021	系统分析表							
生命长度：11个月								
营养来源	分析要素		男			女		
家庭	身高（cm）		低	正常	高	低	正常	高
			70.7	73.8—77.3	80.4	69.2	72.3—75.7	78.8
	体重（kg）		低	正常	高	低	正常	高
			8.10	9.20—10.60	12.00	7.60	8.60—9.90	11.40
系统名称	主要器官		描述和分析					
神经系统	大脑、神经、脊髓		大脑进入学习记忆阶段					
呼吸系统	呼吸道、肺、肺血管		肺功能逐步成熟					
运动系统	肌肉（639块）		肌肉系统发育，能做一些简单活动					
	骨骼（206块）		大部分人会站立，出现腰椎前凸					
消化系统	口腔、食管、胃		胃容积约250ml					
	肝、胆、胰		脂肪酶和胆盐达到可消化脂肪的水平					
	小肠、大肠、直肠		肠管较长，总长度约为其身长的6倍					
泌尿系统	肾、膀胱、尿道		肾脏发育正常，能够正常排尿					
循环系统	血管、脾脏		淋巴系统防御和保护功能比较明显					
	心脏、心肌、心血管		心脏同步成长，心率较快					
生殖系统	生殖器官	男	性腺功能处于抑制状态，体内性激素浓度十分低					
		女	性腺功能处于抑制状态，体内性激素浓度十分低					
内分泌系统（激素）			松果体、胰岛、性腺分泌对应激素					
人体感官	眼（视觉）		视力逐步发展，对比敏感度已经达到成人水平					
	耳（听觉）		听力已经进一步加强					
	鼻（嗅觉）		嗅觉进一步发育					
	皮肤（触觉）		有基本触觉，识别反应能力不成熟					
	口腔、舌（味觉）、牙		味觉在一直发育过程中					

表3—22　系统分析表（1岁）

<table>
<tr><th>编号022</th><th colspan="8">系统分析表</th></tr>
<tr><td colspan="9">生命长度：1岁</td></tr>
<tr><th>营养来源</th><th colspan="2">分析要素</th><th colspan="3">男</th><th colspan="3">女</th></tr>
<tr><td rowspan="4">家庭</td><td colspan="2" rowspan="2">身高（cm）</td><td>低</td><td>正常</td><td>高</td><td>低</td><td>正常</td><td>高</td></tr>
<tr><td>71.7</td><td>74.9—78.5</td><td>81.6</td><td>70.4</td><td>73.5—77.0</td><td>80.1</td></tr>
<tr><td colspan="2" rowspan="2">体重（kg）</td><td>低</td><td>正常</td><td>高</td><td>低</td><td>正常</td><td>高</td></tr>
<tr><td>8.30</td><td>9.40—10.80</td><td>12.30</td><td>7.70</td><td>8.80—10.10</td><td>11.60</td></tr>
<tr><th>系统名称</th><th colspan="2">主要器官</th><th colspan="6">描述和分析</th></tr>
<tr><td>神经系统</td><td colspan="2">大脑、神经、脊髓</td><td colspan="6">大脑进入学习记忆阶段</td></tr>
<tr><td>呼吸系统</td><td colspan="2">呼吸道、肺、肺血管</td><td colspan="6">肺功能逐步成熟</td></tr>
<tr><td rowspan="2">运动系统</td><td colspan="2">肌肉（639块）</td><td colspan="6">肌肉系统发育，能做一些简单活动</td></tr>
<tr><td colspan="2">骨骼（206块）</td><td colspan="6">大部分人在学走路</td></tr>
<tr><td rowspan="3">消化系统</td><td colspan="2">口腔、食管、胃</td><td colspan="6">胃容积约250ml</td></tr>
<tr><td colspan="2">肝、胆、胰</td><td colspan="6">胰腺外分泌部分生长迅速，为出生时的3倍。
胰液分泌量随年龄增长而增加</td></tr>
<tr><td colspan="2">小肠、大肠、直肠</td><td colspan="6">肠管较长，总长度约为其身长的6倍</td></tr>
<tr><td>泌尿系统</td><td colspan="2">肾、膀胱、尿道</td><td colspan="6">肾脏发育正常，能够正常排尿</td></tr>
<tr><td rowspan="2">循环系统</td><td colspan="2">血管、脾脏</td><td colspan="6">淋巴系统防御和保护功能比较明显</td></tr>
<tr><td colspan="2">心脏、心肌、心血管</td><td colspan="6">心脏同步成长，心率较快</td></tr>
<tr><td rowspan="2">生殖系统</td><td rowspan="2">生殖器官</td><td>男</td><td colspan="6">性腺功能处于抑制状态，体内性激素浓度十分低</td></tr>
<tr><td>女</td><td colspan="6">性腺功能处于抑制状态，体内性激素浓度十分低</td></tr>
<tr><td colspan="3">内分泌系统（激素）</td><td colspan="6">松果体、胰岛、性腺分泌对应激素</td></tr>
<tr><td rowspan="5">人体感官</td><td colspan="2">眼（视觉）</td><td colspan="6">视力逐步发展，对比敏感度已经达到成人水平</td></tr>
<tr><td colspan="2">耳（听觉）</td><td colspan="6">听觉发育的关键期</td></tr>
<tr><td colspan="2">鼻（嗅觉）</td><td colspan="6">嗅觉进一步发育</td></tr>
<tr><td colspan="2">皮肤（触觉）</td><td colspan="6">有基本触觉，识别反应能力不成熟</td></tr>
<tr><td colspan="2">口腔、舌（味觉）、牙</td><td colspan="6">长牙8颗，上下各4颗</td></tr>
</table>

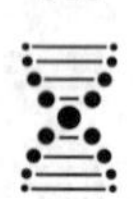

表3—23　系统分析表（1岁3月）

<table>
<tr><th>编号023</th><th colspan="8">系统分析表</th></tr>
<tr><td colspan="9">生命长度：1岁3月</td></tr>
<tr><th>营养来源</th><th colspan="2">分析要素</th><th colspan="3">男</th><th colspan="3">女</th></tr>
<tr><td rowspan="4">家庭</td><td colspan="2" rowspan="2">身高（cm）</td><td>低</td><td>正常</td><td>高</td><td>低</td><td>正常</td><td>高</td></tr>
<tr><td>74.8</td><td>78.1—81.8</td><td>85.1</td><td>73.5</td><td>76.8—80.5</td><td>83.8</td></tr>
<tr><td colspan="2" rowspan="2">体重（kg）</td><td>低</td><td>正常</td><td>高</td><td>低</td><td>正常</td><td>高</td></tr>
<tr><td>8.80</td><td>9.90—11.40</td><td>13.00</td><td>8.30</td><td>9.30—10.80</td><td>12.40</td></tr>
<tr><th>系统名称</th><th colspan="2">主要器官</th><th colspan="6">描述和分析</th></tr>
<tr><td>神经系统</td><td colspan="2">大脑、神经、脊髓</td><td colspan="6">大脑进入学习记忆阶段</td></tr>
<tr><td>呼吸系统</td><td colspan="2">呼吸道、肺、肺血管</td><td colspan="6">肺功能逐步成熟</td></tr>
<tr><td rowspan="2">运动系统</td><td colspan="2">肌肉（639块）</td><td colspan="6">身体动作变得复杂，肌肉持续发展</td></tr>
<tr><td colspan="2">骨骼（206块）</td><td colspan="6">大部分人在学走路</td></tr>
<tr><td rowspan="3">消化系统</td><td colspan="2">口腔、食管、胃</td><td colspan="6">胃容积约250ml</td></tr>
<tr><td colspan="2">肝、胆、胰</td><td colspan="6">胰液分泌量随年龄增长而增加</td></tr>
<tr><td colspan="2">小肠、大肠、直肠</td><td colspan="6">肠黏膜对不完全分解产物的通透性比成年人高</td></tr>
<tr><td>泌尿系统</td><td colspan="2">肾、膀胱、尿道</td><td colspan="6">肾脏发育正常，能够正常排尿</td></tr>
<tr><td rowspan="2">循环系统</td><td colspan="2">血管、脾脏</td><td colspan="6">淋巴系统防御和保护功能比较明显</td></tr>
<tr><td colspan="2">心脏、心肌、心血管</td><td colspan="6">心脏同步成长，心率较快</td></tr>
<tr><td rowspan="2">生殖系统</td><td rowspan="2">生殖器官</td><td>男</td><td colspan="6">性腺功能处于抑制状态，体内性激素浓度十分低</td></tr>
<tr><td>女</td><td colspan="6">性腺功能处于抑制状态，体内性激素浓度十分低</td></tr>
<tr><td colspan="3">内分泌系统（激素）</td><td colspan="6">松果体、胰岛、性腺分泌对应激素</td></tr>
<tr><td rowspan="5">人体感官</td><td colspan="2">眼（视觉）</td><td colspan="6">视力逐步发展，对比敏感度已经达到成人水平</td></tr>
<tr><td colspan="2">耳（听觉）</td><td colspan="6">能听到更多的声音</td></tr>
<tr><td colspan="2">鼻（嗅觉）</td><td colspan="6">嗅觉进一步发育</td></tr>
<tr><td colspan="2">皮肤（触觉）</td><td colspan="6">有基本触觉，识别反应能力不成熟</td></tr>
<tr><td colspan="2">口腔、舌（味觉）、牙</td><td colspan="6">能分辨出大部分味道</td></tr>
</table>

表3—24 系统分析表（1岁6月）

<table>
<tr><th>编号024</th><th colspan="7">系统分析表</th></tr>
<tr><td colspan="8">生命长度：1岁6月</td></tr>
<tr><td>营养来源</td><td>分析要素</td><td colspan="3">男</td><td colspan="3">女</td></tr>
<tr><td rowspan="4">家庭</td><td rowspan="2">身高（cm）</td><td>低</td><td>正常</td><td>高</td><td>低</td><td>正常</td><td>高</td></tr>
<tr><td>77.7</td><td>81.2—85.0</td><td>88.5</td><td>76.5</td><td>79.9—83.8</td><td>87.2</td></tr>
<tr><td rowspan="2">体重（kg）</td><td>低</td><td>正常</td><td>高</td><td>低</td><td>正常</td><td>高</td></tr>
<tr><td>9.30</td><td>10.50—12.10</td><td>13.80</td><td>8.80</td><td>9.90—11.50</td><td>13.20</td></tr>
</table>

<table>
<tr><th>系统名称</th><th colspan="2">主要器官</th><th>描述和分析</th></tr>
<tr><td>神经系统</td><td colspan="2">大脑、神经、脊髓</td><td>脑细胞成长、完善高峰期</td></tr>
<tr><td>呼吸系统</td><td colspan="2">呼吸道、肺、肺血管</td><td>肺功能逐步成熟</td></tr>
<tr><td rowspan="2">运动系统</td><td colspan="2">肌肉（639块）</td><td>身体动作变得复杂，肌肉持续发展</td></tr>
<tr><td colspan="2">骨骼（206块）</td><td>大部分人在学走路</td></tr>
<tr><td rowspan="3">消化系统</td><td colspan="2">口腔、食管、胃</td><td>胃容积约250ml</td></tr>
<tr><td colspan="2">肝、胆、胰</td><td>胰液分泌量随年龄增长而增加</td></tr>
<tr><td colspan="2">小肠、大肠、直肠</td><td>肠黏膜对不完全分解产物的通透性比成年人高</td></tr>
<tr><td>泌尿系统</td><td colspan="2">肾、膀胱、尿道</td><td>肾脏发育正常，能够正常排尿</td></tr>
<tr><td rowspan="2">循环系统</td><td colspan="2">血管、脾脏</td><td>淋巴系统防御和保护功能比较明显</td></tr>
<tr><td colspan="2">心脏、心肌、心血管</td><td>心脏同步成长，心率较快</td></tr>
<tr><td rowspan="2">生殖系统</td><td rowspan="2">生殖器官</td><td>男</td><td>性腺功能处于抑制状态，体内性激素浓度十分低</td></tr>
<tr><td>女</td><td>性腺功能处于抑制状态，体内性激素浓度十分低</td></tr>
<tr><td colspan="3">内分泌系统（激素）</td><td>松果体、胰岛、性腺分泌对应激素</td></tr>
<tr><td rowspan="5">人体感官</td><td colspan="2">眼（视觉）</td><td>视力逐步发展，对比敏感度已经达到成人水平</td></tr>
<tr><td colspan="2">耳（听觉）</td><td>能听到更多的声音</td></tr>
<tr><td colspan="2">鼻（嗅觉）</td><td>嗅觉进一步发育</td></tr>
<tr><td colspan="2">皮肤（触觉）</td><td>有基本触觉，识别反应能力不成熟</td></tr>
<tr><td colspan="2">口腔、舌（味觉）、牙</td><td>长出12颗牙，上下各6颗</td></tr>
</table>

表3—25　系统分析表（1岁9月）

编号025	系统分析表							
生命长度：1岁9月								
营养来源	分析要素		男			女		
家庭	身高（cm）		低	正常	高	低	正常	高
			80.5	84.1—88.1	91.7	79.3	82.9—86.9	90.4
	体重（kg）		低	正常	高	低	正常	高
			9.80	11.10—12.80	14.60	9.30	10.50—12.20	14.00
系统名称	主要器官		描述和分析					
神经系统	大脑、神经、脊髓		脑细胞成长、完善高峰期					
呼吸系统	呼吸道、肺、肺血管		肺功能逐步成熟					
运动系统	肌肉（639块）		身体动作变得复杂，肌肉持续发展					
	骨骼（206块）		大部分人在学走路					
消化系统	口腔、食管、胃		胃容积约250—300ml					
	肝、胆、胰		胰液分泌量随年龄增长而增加					
	小肠、大肠、直肠		肠黏膜对不完全分解产物的通透性比成年人高					
泌尿系统	肾、膀胱、尿道		肾脏发育正常，能够正常排尿					
循环系统	血管、脾脏		淋巴系统防御和保护功能比较明显					
	心脏、心肌、心血管		心脏同步成长，心率较快					
生殖系统	生殖器官	男	性腺功能处于抑制状态，体内性激素浓度十分低					
		女	性腺功能处于抑制状态，体内性激素浓度十分低					
内分泌系统（激素）			松果体、胰岛、性腺分泌对应激素					
人体感官	眼（视觉）		眼球前后距离较短，物体成像于视网膜的后面					
	耳（听觉）		听觉正常					
	鼻（嗅觉）		嗅觉进一步发育					
	皮肤（触觉）		有基本触觉，识别反应能力不成熟					
	口腔、舌（味觉）、牙		能分辨出大部分味道					

表3—26　系统分析表（2岁）

编号026	系统分析表						
生命长度：2岁							
营养来源	分析要素	男			女		
家庭	身高（cm）	低	正常	高	低	正常	高
		82.4	86.1—90.3	94.0	81.2	84.9—89.1	92.8
	体重（kg）	低	正常	高	低	正常	高
		10.40	11.70—13.50	15.40	9.80	11.10—12.90	14.80
系统名称	主要器官	描述和分析					
神经系统	大脑、神经、脊髓	大脑处于初级学习、记忆阶段					
呼吸系统	呼吸道、肺、肺血管	肺功能逐步成熟					
运动系统	肌肉（639块）	身体动作变得复杂，肌肉持续发展					
	骨骼（206块）	大部分人在学走路					
消化系统	口腔、食管、胃	胃容积约250—300ml					
	肝、胆、胰	胰液分泌量随年龄增长而增加					
	小肠、大肠、直肠	肠的肌层发育不足，容易引起疾病					
泌尿系统	肾、膀胱、尿道	肾脏发育正常，能够正常排尿					
循环系统	血管、脾脏	淋巴系统防御和保护功能比较明显					
	心脏、心肌、心血管	心脏同步成长，心率较快					
生殖系统	生殖器官 男	性腺功能处于抑制状态，体内性激素浓度十分低					
	生殖器官 女	性腺功能处于抑制状态，体内性激素浓度十分低					
内分泌系统（激素）		雄性激素促进体内蛋白质合成、骨骼和肌肉发育					
人体感官	眼（视觉）	眼球前后距离较短，物体成像于视网膜的后面					
	耳（听觉）	听觉正常					
	鼻（嗅觉）	嗅觉进一步发育					
	皮肤（触觉）	有基本触觉，识别反应能力不成熟					
	口腔、舌（味觉）、牙	长出16颗牙，上下各8颗					

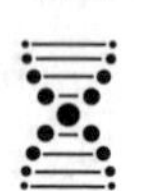

表3—27　系统分析表（2岁3月）

编号027	系统分析表						
生命长度：2岁3月							
营养来源	分析要素	男			女		
家庭	身高（cm）	低	正常	高	低	正常	高
		84.8	88.6—93.0	96.8	83.6	87.4—91.7	95.5
	体重（kg）	低	正常	高	低	正常	高
		10.80	12.20—14.10	16.10	10.30	11.60—13.50	15.50

系统名称	主要器官		描述和分析
神经系统	大脑、神经、脊髓		大脑处于初级学习、记忆阶段
呼吸系统	呼吸道、肺、肺血管		肺功能逐步成熟
运动系统	肌肉（639块）		身体动作变得复杂，肌肉持续发展
	骨骼（206块）		大部分人在学走路
消化系统	口腔、食管、胃		胃容积约250—300ml
	肝、胆、胰		胰液分泌量随年龄增长而增加
	小肠、大肠、直肠		肠的肌层发育不足，容易引起疾病
泌尿系统	肾、膀胱、尿道		肾脏发育正常，能够正常排尿
循环系统	血管、脾脏		淋巴系统防御和保护功能比较明显
	心脏、心肌、心血管		心脏同步成长，心率较快
生殖系统	生殖器官	男	性腺功能处于抑制状态，体内性激素浓度十分低
		女	性腺功能处于抑制状态，体内性激素浓度十分低
内分泌系统（激素）			雄性激素促进体内蛋白质合成、骨骼和肌肉发育
人体感官	眼（视觉）		眼球前后距离较短，物体成像于视网膜的后面
	耳（听觉）		听觉正常
	鼻（嗅觉）		嗅觉进一步发育
	皮肤（触觉）		有基本触觉，识别反应能力不成熟
	口腔、舌（味觉）、牙		能分辨出大部分味道

表3—28 系统分析表（2岁6月）

<table>
<tr><th>编号028</th><th colspan="7">系统分析表</th></tr>
<tr><td colspan="8">生命长度：2岁6月</td></tr>
<tr><th>营养来源</th><th>分析要素</th><th colspan="3">男</th><th colspan="3">女</th></tr>
<tr><td rowspan="4">家庭</td><td rowspan="2">身高（cm）</td><td>低</td><td>正常</td><td>高</td><td>低</td><td>正常</td><td>高</td></tr>
<tr><td>87.0</td><td>91.0—95.4</td><td>99.4</td><td>85.7</td><td>89.7—94.1</td><td>98.1</td></tr>
<tr><td rowspan="2">体重（kg）</td><td>低</td><td>正常</td><td>高</td><td>低</td><td>正常</td><td>高</td></tr>
<tr><td>11.20</td><td>12.70—14.70</td><td>16.70</td><td>10.70</td><td>12.10—14.10</td><td>16.20</td></tr>
<tr><th>系统名称</th><th>主要器官</th><th colspan="6">描述和分析</th></tr>
<tr><td>神经系统</td><td>大脑、神经、脊髓</td><td colspan="6">大脑处于初级学习、记忆阶段</td></tr>
<tr><td>呼吸系统</td><td>呼吸道、肺、肺血管</td><td colspan="6">肺功能逐步成熟</td></tr>
<tr><td rowspan="2">运动系统</td><td>肌肉（639块）</td><td colspan="6">身体动作变得复杂，肌肉持续发展</td></tr>
<tr><td>骨骼（206块）</td><td colspan="6">大部分人在学走路</td></tr>
<tr><td rowspan="3">消化系统</td><td>口腔、食管、胃</td><td colspan="6">胃容积约250—300ml</td></tr>
<tr><td>肝、胆、胰</td><td colspan="6">胰液分泌量随年龄增长而增加</td></tr>
<tr><td>小肠、大肠、直肠</td><td colspan="6">肠的肌层发育不足，容易引起疾病</td></tr>
<tr><td>泌尿系统</td><td>肾、膀胱、尿道</td><td colspan="6">肾脏发育正常，能够正常排尿</td></tr>
<tr><td rowspan="2">循环系统</td><td>血管、脾脏</td><td colspan="6">淋巴系统防御和保护功能比较明显</td></tr>
<tr><td>心脏、心肌、心血管</td><td colspan="6">心脏同步成长，心率较快</td></tr>
<tr><td rowspan="2">生殖系统</td><td>生殖器官 男</td><td colspan="6">性腺功能处于抑制状态，体内性激素浓度十分低</td></tr>
<tr><td>生殖器官 女</td><td colspan="6">性腺功能处于抑制状态，体内性激素浓度十分低</td></tr>
<tr><td colspan="2">内分泌系统（激素）</td><td colspan="6">雄性激素促进体内蛋白质合成、骨骼和肌肉发育</td></tr>
<tr><td rowspan="5">人体感官</td><td>眼（视觉）</td><td colspan="6">眼球前后距离较短，物体成像于视网膜的后面</td></tr>
<tr><td>耳（听觉）</td><td colspan="6">听觉正常</td></tr>
<tr><td>鼻（嗅觉）</td><td colspan="6">嗅觉进一步发育，基本能分辨出大部分气味</td></tr>
<tr><td>皮肤（触觉）</td><td colspan="6">触摸动作以玩和探索为主</td></tr>
<tr><td>口腔、舌（味觉）、牙</td><td colspan="6">20颗乳牙长齐</td></tr>
</table>

3．人体形成期告捷

第30个月，随着第20颗乳牙的长成，人体形成期宣告结束。所有的器官全部长成，初步具有了人的全部功能。

30个月的宝宝平均身高92厘米左右，体重在10~20千克之间，头围在50厘米左右，前后囟门均已闭合。会走、会跳、能爬，会说话，眼睛看得见，耳朵听得见，嗅觉灵敏，味觉发育成熟，皮肤感觉正常，软硬冷热都知道。

如上所述，若我们穿越到1000年前，30个月的宝宝就不是宝宝而是小孩了。他会自己吃饭，而且知道好吃不好吃；他会自己穿衣服，在大人的指引下知道穿多少；穿着开裆裤他还知道去哪里大小便；困了更是知道去睡觉，怎么都叫不醒；吃喝拉撒睡他自己都可以做到。除此之外，他还能用语言简单表达自己的欲求，能去找可以一起玩的小朋友，生活已可简单自理了。

回到21世纪20年代的城市中，有些30个月的宝宝就真是一个宝宝。通常吃饭有人喂，吃多少、好不好吃大人说了算，如果让他自己吃的话，结果会一塌糊涂；穿衣肯定要大人帮忙；去洗手间肯定要大人帮忙；睡觉需要家长讲睡前故事。反正他做的一切都有家长的参与，在早教的商业氛围下，他忙得不可开交。

中国古代民间有一种说法“三岁看大，七岁看老”。30个月的宝宝在古代就是三岁（虚岁）的宝宝了，已经能看到将来，这是经验的总结，用现代的话说就是大数据统计的结果。其根本原因在于宝宝出生后脑细胞进入生长发育的第三阶段，这个阶段脑神经细胞体持续增大，神经胶质细胞迅速分裂增殖，神经细胞组成整个身体传送信息的神经通道，三岁时脑神经细胞的生长发育已接近尾声，其智力水平已初见端倪，预测一下他的将来也不是什么难事，况且说话的人也不用负什么责任。

由此可见，营养对0—3岁的宝宝很重要，早教并不是那么神奇，应适可而止。

表3—29 系统分析表（3年）

编号029	系统分析表						
生命长度：3年							
营养来源	分析要素	男			女		
家庭	身高（cm）	低	正常	高	低	正常	高
		90.9	95.1—99.9	104.1	89.7	93.9—98.5	102.7
	体重（kg）	低	正常	高	低	正常	高
		12.00	13.60—15.80	18.00	11.50	13.10—15.30	17.70
系统名称	主要器官	描述和分析					
神经系统	大脑、神经、脊髓	能够觉察到其他人的想法，脑重1100g，分化基本完成					
呼吸系统	呼吸道、肺、肺血管	肺功能逐步成熟					
运动系统	肌肉（639块）	身体动作变得复杂，肌肉持续发展					
	骨骼（206块）	骨骼柔软，容易弯曲，但不容易骨折，出现月骨					
消化系统	口腔、食管、胃	胃容积约250—300ml					
	肝、胆、胰	胰液分泌量随年龄增长而增加					
消化系统	小肠、大肠、直肠	肠的肌层发育不足，容易引起疾病					
泌尿系统	肾、膀胱、尿道	肾脏发育正常，能够正常排尿					
循环系统	血管、脾脏	淋巴系统防御和保护功能比较明显					
	心脏、心肌、心血管	心脏同步成长，心率较快					
生殖系统	生殖器官 男	性腺功能处于抑制状态，体内性激素浓度十分低					
	生殖器官 女	性腺功能处于抑制状态，体内性激素浓度十分低					
内分泌系统（激素）		雄性激素促进体内蛋白质合成、骨骼和肌肉发育					
人体感官	眼（视觉）	眼球前后距离较短，物体成像于视网膜的后面					
	耳（听觉）	听觉正常					
	鼻（嗅觉）	嗅觉正常					
	皮肤（触觉）	触摸动作以玩和探索为主					
	口腔、舌（味觉）、牙	能分辨出大部分味道					

表3—30　系统分析表（4年）

编号030	系统分析表							
生命长度：4年								
营养来源	分析要素		男			女		
家庭	身高（cm）		低	正常	高	低	正常	高
			97.6	102.3—107.5	112.2	96.5	101.1—106.3	110.9
	体重（kg）		低	正常	高	低	正常	高
			13.60	15.50—18.10	20.80	13.10	15.00—17.60	20.50
系统名称	主要器官		描述和分析					
神经系统	大脑、神经、脊髓		能够觉察到其他人的想法					
呼吸系统	呼吸道、肺、肺血管		肺功能逐步成熟					
运动系统	肌肉（639块）		手部肌肉开始能做一些精细动作					
	骨骼（206块）		骨骼韧性强，硬度小，容易变形					
消化系统	口腔、食管、胃		胃容积约700—850ml					
	肝、胆、胰		吸收脂肪能力正常					
	小肠、大肠、直肠		肠的肌层发育不足，容易引起疾病					
泌尿系统	肾、膀胱、尿道		肾脏发育正常					
循环系统	血管、脾脏		淋巴系统防御和保护功能比较明显					
	心脏、心肌、心血管		心脏同步成长，心率较快					
生殖系统	生殖器官	男	性腺功能处于抑制状态，体内性激素浓度十分低					
		女	性腺功能处于抑制状态，体内性激素浓度十分低					
内分泌系统（激素）			垂体分泌激素会不均衡					
人体感官	眼（视觉）		眼球前后距离较短，物体成像于视网膜的后面					
	耳（听觉）		听觉正常					
	鼻（嗅觉）		嗅觉正常					
	皮肤（触觉）		触摸动作以玩和探索为主					
	口腔、舌（味觉）、牙		味觉已经完善					

表3—31 系统分析表（7年）

编号031	系统分析表						
生命长度：7年							
营养来源	分析要素	男			女		
家庭	身高（cm）	低	正常	高	低	正常	高
		113.5	119.4—131.4	137.4	112.2	118.2—130.0	135.9
	体重（kg）	低	正常	高	低	正常	高
		18.48	21.81—26.66	32.41	17.58	20.62—24.94	29.89
系统名称	主要器官	描述和分析					
神经系统	大脑、神经、脊髓	脑重达到成人脑重的95%，能量消耗最快					
呼吸系统	呼吸道、肺、肺血管	肺功能逐步成熟					
运动系统	肌肉（639块）	手部肌肉能做一些精细动作					
	骨骼（206块）	出现大多角骨和小多角骨，尺骨下段出现骨骺					
消化系统	口腔、食管、胃	胃容积约700—850ml					
	肝、胆、胰	吸收脂肪能力正常					
	小肠、大肠、直肠	肠功能正常					
泌尿系统	肾、膀胱、尿道	肾脏发育正常					
循环系统	血管、脾脏	淋巴系统发育较快，淋巴结的保护机制比较明显，易患扁桃体炎					
	心脏、心肌、心血管	心脏同步成长，心率较快					
生殖系统	生殖器官	男	性腺功能处于抑制状态，体内性激素浓度十分低				
		女	性腺功能处于抑制状态，体内性激素浓度十分低				
内分泌系统（激素）		内分泌腺中各种激素分泌量增加					
人体感官	眼（视觉）	视力正常					
	耳（听觉）	听觉正常					
	鼻（嗅觉）	嗅觉正常					
	皮肤（触觉）	触摸动作可以变得更加细微					
	口腔、舌（味觉）、牙	长出第一恒磨牙，开始换牙					

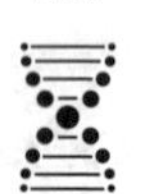

表3—32 系统分析表（8年）

<table>
<tr><td>编号032</td><td colspan="7">系统分析表</td></tr>
<tr><td colspan="8">生命长度：8年</td></tr>
<tr><td>营养来源</td><td>分析要素</td><td colspan="3">男</td><td colspan="3">女</td></tr>
<tr><td rowspan="4">家庭</td><td rowspan="2">身高（cm）</td><td>低</td><td>正常</td><td>高</td><td>低</td><td>正常</td><td>高</td></tr>
<tr><td>118.3</td><td>124.5—136.9</td><td>143.0</td><td>116.8</td><td>123.0—135.5</td><td>141.8</td></tr>
<tr><td rowspan="2">体重（kg）</td><td>低</td><td>正常</td><td>高</td><td>低</td><td>正常</td><td>高</td></tr>
<tr><td>20.32</td><td>24.46—30.71</td><td>38.49</td><td>19.20</td><td>22.81—28.05</td><td>34.23</td></tr>
<tr><td>系统名称</td><td colspan="2">主要器官</td><td colspan="5">描述和分析</td></tr>
<tr><td>神经系统</td><td colspan="2">大脑、神经、脊髓</td><td colspan="5">脑重约1300g，神经纤维髓鞘化</td></tr>
<tr><td>呼吸系统</td><td colspan="2">呼吸道、肺、肺血管</td><td colspan="5">肺活量增大</td></tr>
<tr><td rowspan="2">运动系统</td><td colspan="2">肌肉（639块）</td><td colspan="5">手部肌肉能做一些精细工作</td></tr>
<tr><td colspan="2">骨骼（206块）</td><td colspan="5">女孩的腕骨全部钙化，出现豆状骨</td></tr>
<tr><td rowspan="3">消化系统</td><td colspan="2">口腔、食管、胃</td><td colspan="5">胃容积约700—850ml</td></tr>
<tr><td colspan="2">肝、胆、胰</td><td colspan="5">吸收脂肪能力正常</td></tr>
<tr><td colspan="2">小肠、大肠、直肠</td><td colspan="5">肠功能正常</td></tr>
<tr><td>泌尿系统</td><td colspan="2">肾、膀胱、尿道</td><td colspan="5">肾脏发育正常</td></tr>
<tr><td rowspan="2">循环系统</td><td colspan="2">血管、脾脏</td><td colspan="5">淋巴系统发育较快，淋巴结的保护机制比较明显，易患扁桃体炎</td></tr>
<tr><td colspan="2">心脏、心肌、心血管</td><td colspan="5">心脏同步成长，心率较快</td></tr>
<tr><td rowspan="2">生殖系统</td><td rowspan="2">生殖器官</td><td>男</td><td colspan="5">出现第二性征，性特征加强</td></tr>
<tr><td>女</td><td colspan="5">卵巢开始发育，可能具有生育能力</td></tr>
<tr><td colspan="3">内分泌系统（激素）</td><td colspan="5">内分泌腺中各种激素分泌量增加</td></tr>
<tr><td rowspan="5">人体感官</td><td colspan="2">眼（视觉）</td><td colspan="5">视力正常</td></tr>
<tr><td colspan="2">耳（听觉）</td><td colspan="5">听觉正常</td></tr>
<tr><td colspan="2">鼻（嗅觉）</td><td colspan="5">嗅觉正常</td></tr>
<tr><td colspan="2">皮肤（触觉）</td><td colspan="5">触摸动作可以变得更加细微</td></tr>
<tr><td colspan="2">口腔、舌（味觉）、牙</td><td colspan="5">味觉完善</td></tr>
</table>

表3—33 系统分析表（10年）

<table>
<tr><td>编号033</td><td colspan="7">系统分析表</td></tr>
<tr><td colspan="8">生命长度：10年</td></tr>
<tr><td>营养来源</td><td>分析要素</td><td colspan="3">男</td><td colspan="3">女</td></tr>
<tr><td rowspan="4">家庭</td><td rowspan="2">身高（cm）</td><td>低</td><td>正常</td><td>高</td><td>低</td><td>正常</td><td>高</td></tr>
<tr><td>126.7</td><td>133.7—147.7</td><td>154.7</td><td>126.3</td><td>133.7—148.5</td><td>155.9</td></tr>
<tr><td rowspan="2">体重（kg）</td><td>低</td><td>正常</td><td>高</td><td>低</td><td>正常</td><td>高</td></tr>
<tr><td>23.89</td><td>29.66—38.61</td><td>50.01</td><td>22.98</td><td>28.15—36.05</td><td>45.97</td></tr>
<tr><td>系统名称</td><td>主要器官</td><td colspan="6">描述和分析</td></tr>
<tr><td>神经系统</td><td>大脑、神经、脊髓</td><td colspan="6">脑重约1300g，调节能力大大增强</td></tr>
<tr><td>呼吸系统</td><td>呼吸道、肺、肺血管</td><td colspan="6">肺活量增大</td></tr>
<tr><td rowspan="2">运动系统</td><td>肌肉（639块）</td><td colspan="6">肌肉经过锻炼可以强壮有力，体重增加</td></tr>
<tr><td>骨骼（206块）</td><td colspan="6">女孩的身高增长突然加速，高峰时每年长6—8厘米，然后再逐渐减慢</td></tr>
<tr><td rowspan="3">消化系统</td><td>口腔、食管、胃</td><td colspan="6">胃容积约700—850ml</td></tr>
<tr><td>肝、胆、胰</td><td colspan="6">吸收脂肪能力正常</td></tr>
<tr><td>小肠、大肠、直肠</td><td colspan="6">肠功能正常</td></tr>
<tr><td>泌尿系统</td><td>肾、膀胱、尿道</td><td colspan="6">肾脏发育正常</td></tr>
<tr><td rowspan="2">循环系统</td><td>血管、脾脏</td><td colspan="6">淋巴系统发育较快，淋巴结的保护机制比较明显，易患扁桃体炎</td></tr>
<tr><td>心脏、心肌、心血管</td><td colspan="6">心脏同步成长，心率较快</td></tr>
<tr><td rowspan="2">生殖系统</td><td rowspan="2">生殖器官</td><td>男</td><td colspan="5">睾丸分泌雄性激素增加</td></tr>
<tr><td>女</td><td colspan="5">第二性征逐渐发育，主要表现在双侧乳房开始隆起，乳头逐渐增大，卵巢发育速度加快</td></tr>
<tr><td colspan="2">内分泌系统（激素）</td><td colspan="6">内分泌腺中各种激素分泌量增加</td></tr>
<tr><td rowspan="5">人体感官</td><td>眼（视觉）</td><td colspan="6">视力正常</td></tr>
<tr><td>耳（听觉）</td><td colspan="6">听觉正常</td></tr>
<tr><td>鼻（嗅觉）</td><td colspan="6">嗅觉正常</td></tr>
<tr><td>皮肤（触觉）</td><td colspan="6">触摸动作变得更加细微</td></tr>
<tr><td>口腔、舌（味觉）、牙</td><td colspan="6">味觉完善</td></tr>
</table>

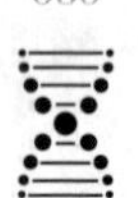

表3—34 系统分析表（13年）

<table>
<tr><th>编号034</th><th colspan="8">系统分析表</th></tr>
<tr><td colspan="9">生命长度：13年</td></tr>
<tr><th>营养来源</th><th colspan="2">分析要素</th><th colspan="3">男</th><th colspan="3">女</th></tr>
<tr><td rowspan="4">外界</td><td colspan="2" rowspan="2">身高（cm）</td><td>低</td><td>正常</td><td>高</td><td>低</td><td>正常</td><td>高</td></tr>
<tr><td>143.0</td><td>151.6—168.7</td><td>177.3</td><td>143.7</td><td>149.9—162.2</td><td>168.3</td></tr>
<tr><td colspan="2" rowspan="2">体重（kg）</td><td>低</td><td>正常</td><td>高</td><td>低</td><td>正常</td><td>高</td></tr>
<tr><td>32.82</td><td>41.90—55.21</td><td>70.83</td><td>33.09</td><td>40.00—50.45</td><td>63.45</td></tr>
<tr><th>系统名称</th><th colspan="2">主要器官</th><th colspan="6">描述和分析</th></tr>
<tr><td>神经系统</td><td colspan="2">大脑、神经、脊髓</td><td colspan="6">灰质减少，白质增多，调节能力增强</td></tr>
<tr><td>呼吸系统</td><td colspan="2">呼吸道、肺、肺血管</td><td colspan="6">肺活量增大</td></tr>
<tr><td rowspan="2">运动系统</td><td colspan="2">肌肉（639块）</td><td colspan="6">肌肉经过锻炼可以强壮有力，体重增加</td></tr>
<tr><td colspan="2">骨骼（206块）</td><td colspan="6">身高增加</td></tr>
<tr><td rowspan="3">消化系统</td><td colspan="2">口腔、食管、胃</td><td colspan="6">胃容积约700—850ml</td></tr>
<tr><td colspan="2">肝、胆、胰</td><td colspan="6">吸收脂肪能力正常</td></tr>
<tr><td colspan="2">小肠、大肠、直肠</td><td colspan="6">肠功能正常</td></tr>
<tr><td>泌尿系统</td><td colspan="2">肾、膀胱、尿道</td><td colspan="6">肾脏发育正常</td></tr>
<tr><td rowspan="2">循环系统</td><td colspan="2">血管、脾脏</td><td colspan="6">淋巴结发育完善</td></tr>
<tr><td colspan="2">心脏、心肌、心血管</td><td colspan="6">心脏同步成长，心率较快</td></tr>
<tr><td rowspan="2">生殖系统</td><td rowspan="2">生殖器官</td><td>男</td><td colspan="6">睾丸分泌雄性激素增加</td></tr>
<tr><td>女</td><td colspan="6">乳头逐渐增大，色素逐渐加深；外阴及腋窝位分别开始出现阴毛及腋毛，月经正常来潮</td></tr>
<tr><td colspan="3">内分泌系统（激素）</td><td colspan="6">垂体会分泌促性腺激素</td></tr>
<tr><td rowspan="5">人体感官</td><td colspan="2">眼（视觉）</td><td colspan="6">视力正常</td></tr>
<tr><td colspan="2">耳（听觉）</td><td colspan="6">听觉正常</td></tr>
<tr><td colspan="2">鼻（嗅觉）</td><td colspan="6">嗅觉正常</td></tr>
<tr><td colspan="2">皮肤（触觉）</td><td colspan="6">触觉正常，痛觉敏感</td></tr>
<tr><td colspan="2">口腔、舌（味觉）、牙</td><td colspan="6">长出第二恒磨牙，换牙完成</td></tr>
</table>

表3—35 系统分析表（14年）

编号035	系统分析表						
生命长度：14年							
营养来源	分析要素	男			女		
外界	身高（cm）	低	正常	高	低	正常	高
		150.2	157.9—173.3	181.0	146.1	151.9—163.5	169.3
	体重（kg）	低	正常	高	低	正常	高
		37.36	46.90—60.83	77.20	36.38	43.19—53.23	65.36

系统名称	主要器官		描述和分析
神经系统	大脑、神经、脊髓		灰质减少，白质增加
呼吸系统	呼吸道、肺、肺血管		肺活量增大
运动系统	肌肉（639块）		肌肉经过锻炼可以强壮有力，体重增加
	骨骼（206块）		身高增加
消化系统	口腔、食管、胃		胃容积正常
	肝、胆、胰		吸收脂肪能力正常
	小肠、大肠、直肠		肠功能正常
泌尿系统	肾、膀胱、尿道		肾脏发育正常
循环系统	血管、脾脏		淋巴结正常
	心脏、心肌、心血管		心脏重量增加，每搏输出量增加，血压升高
生殖系统	生殖器官	男	睾丸分泌雄性激素增加
		女	卵巢分泌雌性激素增加
内分泌系统（激素）			垂体会分泌促性腺激素
人体感官	眼（视觉）		视力正常
	耳（听觉）		听觉正常
	鼻（嗅觉）		嗅觉正常
	皮肤（触觉）		触觉正常，痛觉敏感
	口腔、舌（味觉）、牙		味觉完善

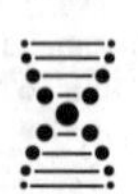

表3—36 系统分析表（16年）

编号036	系统分析表						
生命长度：16年							
营养来源	分析要素	男			女		
外界	身高（cm）	低	正常	高	低	正常	高
		157.7	164.1—177.0	183.4	147.5	153.2—164.6	170.2
	体重（kg）	低	正常	高	低	正常	高
		44.28	53.26—66.40	82.05	39.96	46.47—55.79	66.69
系统名称	主要器官	描述和分析					
神经系统	大脑、神经、脊髓	大脑学习能力处于高峰期					
呼吸系统	呼吸道、肺、肺血管	肺活量增大					
运动系统	肌肉（639块）	肌肉经过锻炼可以强壮有力，体重增加					
	骨骼（206块）	身高增加					
消化系统	口腔、食管、胃	胃容积正常					
	肝、胆、胰	吸收脂肪能力正常					
	小肠、大肠、直肠	肠功能正常					
泌尿系统	肾、膀胱、尿道	肾脏发育正常					
循环系统	血管、脾脏	淋巴结正常					
	心脏、心肌、心血管	心脏重量增加，每搏输出量增加，血压升高					
生殖系统	生殖器官 男	喉结突出，长出胡须、阴毛和腋毛					
	生殖器官 女	卵巢分泌雌性激素增加					
内分泌系统（激素）		垂体会分泌促性腺激素					
人体感官	眼（视觉）	视力正常					
	耳（听觉）	听觉正常					
	鼻（嗅觉）	嗅觉正常					
	皮肤（触觉）	触觉正常，痛觉敏感					
	口腔、舌（味觉）、牙	味觉完善					

表3—37 系统分析表（18年）

编号037	系统分析表						
生命长度：18年							
营养来源	分析要素	男			女		
外界	身高（cm）	低	正常	高	低	正常	高
		158.8	165.1—177.7	184.0	148.5	154.2—165.7	171.4
	体重（kg）	低	正常	高	低	正常	高
		47.01	55.60—68.11	83.00	40.71	47.14—56.28	66.89
系统名称	主要器官	描述和分析					
神经系统	大脑、神经、脊髓	大脑学习能力处于高峰期					
呼吸系统	呼吸道、肺、肺血管	肺活量增大					
运动系统	肌肉（639块）	肌肉经过锻炼可以强壮有力					
	骨骼（206块）	身高可增加到与9岁相比高25cm左右，以后较少增长					
消化系统	口腔、食管、胃	胃容积正常					
	肝、胆、胰	吸收脂肪能力正常					
	小肠、大肠、直肠	肠功能正常					
泌尿系统	肾、膀胱、尿道	肾脏发育正常					
循环系统	血管、脾脏	淋巴结正常					
	心脏、心肌、心血管	心脏重量增加，每搏输出量增加，血压升高					
生殖系统	生殖器官 男	阴茎发育达到顶峰					
	生殖器官 女	生育功能正常					
内分泌系统（激素）		垂体会分泌促性腺激素					
人体感官	眼（视觉）	视力正常					
	耳（听觉）	听觉正常					
	鼻（嗅觉）	嗅觉正常					
	皮肤（触觉）	触觉正常，痛觉敏感					
	口腔、舌（味觉）、牙	长出第三磨牙					

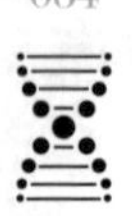

4．人体成长期结束

到了18周岁，人体在遗传基因、个人努力和外部环境三重控制下，经过充分生长发育，身高通常已长到自己应该长到的高度，因此，人体的成长期结束了。

当人体身高不再变化后，就意味着所有骨骼都基本定型了。骨骼限定着人的躯体范围，因此人的大部分器官也就基本定型了。从外形上看，头不会再长大，肩宽、臂长、腿长、手脚的大小都不会再变化（受外力作用除外）。内部器官也差不多，骨骼不长后，连带很多器官都没地方（空间）再长了，基本定型。

科学研究发现：人体骨骼增长需要同时获取31种营养元素，缺一不可。它们是：赖氨酸、钙、蛋白质、生物素、维生素A、维生素D、维生素E、维生素K、维生素B1、维生素B2、维生素B6、维生素B12、维生素C、磷、钾、镁、铁、锌、硒、锰、膳食纤维、叶酸、泛酸、胆碱、钠、脂肪、饱和脂肪、烟酸、能量、碳水化合物、多不饱和脂肪。正常情况下，人们通过吃米、面、豆类、奶、蛋、水产类、肉类以及蔬菜、水果获取这些营养元素。

当人体身高不再变化后，人体内的营养元素需求将发生巨大的变化，若按原来的饮食习惯，许多营养元素会大大地供过于求。虽然骨骼从青春期快速增长到停止增长是一个渐进的过程，况且骨骼停止增长后还有一段骨骼强化的过程，但是体内营养元素需求依然会发生翻天覆地的变化，毕竟成长期和维护期的营养需求是不一样的。

上述分析告诉我们，人不再长高是人体营养元素需求的一个分水岭，每个人应该根据自己的实际情况调整饮食成分，若你想多吃一点，你就要多运动一点、多消耗一点，否则长胖一点是在所难免的，日积月累就成了一个胖子。

表3—38 系统分析表（20年）

<table>
<tr><th>编号038</th><th colspan="8">系统分析表</th></tr>
<tr><td colspan="9">生命长度：20年</td></tr>
<tr><th>营养来源</th><th colspan="2">分析要素</th><th colspan="3">男</th><th colspan="3">女</th></tr>
<tr><td rowspan="4">外界</td><td colspan="2" rowspan="2">身高（cm）</td><td>低</td><td>正常</td><td>高</td><td>低</td><td>正常</td><td>高</td></tr>
<tr><td></td><td></td><td></td><td></td><td></td><td></td></tr>
<tr><td colspan="2" rowspan="2">体重（kg）</td><td>低</td><td>正常</td><td>高</td><td>低</td><td>正常</td><td>高</td></tr>
<tr><td></td><td></td><td></td><td></td><td></td><td></td></tr>
<tr><th>系统名称</th><th colspan="2">主要器官</th><th colspan="6">描述和分析</th></tr>
<tr><td>神经系统</td><td colspan="2">大脑、神经、脊髓</td><td colspan="6">脑灰质减少到最低点，白质持续缓慢增加</td></tr>
<tr><td>呼吸系统</td><td colspan="2">呼吸道、肺、肺血管</td><td colspan="6">肺活量开始缓慢下降</td></tr>
<tr><td rowspan="2">运动系统</td><td colspan="2">肌肉（639块）</td><td colspan="6">肌肉经过锻炼可以强壮有力</td></tr>
<tr><td colspan="2">骨骼（206块）</td><td colspan="6">长骨两段的软骨全部钙化，人不再长高，胸骨愈合</td></tr>
<tr><td rowspan="3">消化系统</td><td colspan="2">口腔、食管、胃</td><td colspan="6">胃容积正常</td></tr>
<tr><td colspan="2">肝、胆、胰</td><td colspan="6">吸收脂肪能力正常</td></tr>
<tr><td colspan="2">小肠、大肠、直肠</td><td colspan="6">肠功能正常</td></tr>
<tr><td>泌尿系统</td><td colspan="2">肾、膀胱、尿道</td><td colspan="6">肾脏发育正常</td></tr>
<tr><td rowspan="2">循环系统</td><td colspan="2">血管、脾脏</td><td colspan="6">淋巴结正常</td></tr>
<tr><td colspan="2">心脏、心肌、心血管</td><td colspan="6">心脏重量增加，每搏输出量增加，血压升高</td></tr>
<tr><td rowspan="2">生殖系统</td><td rowspan="2">生殖器官</td><td>男</td><td colspan="6">生育功能正常</td></tr>
<tr><td>女</td><td colspan="6">生育功能正常</td></tr>
<tr><td colspan="3">内分泌系统（激素）</td><td colspan="6">促甲状腺激素、促肾上腺皮质激素分泌对应激素</td></tr>
<tr><td rowspan="5">人体感官</td><td colspan="2">眼（视觉）</td><td colspan="6">视力正常</td></tr>
<tr><td colspan="2">耳（听觉）</td><td colspan="6">听觉正常</td></tr>
<tr><td colspan="2">鼻（嗅觉）</td><td colspan="6">嗅觉正常</td></tr>
<tr><td colspan="2">皮肤（触觉）</td><td colspan="6">触觉正常，痛觉敏感</td></tr>
<tr><td colspan="2">口腔、舌（味觉）、牙</td><td colspan="6">味觉完善</td></tr>
</table>

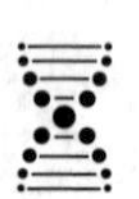

表3—39　系统分析表（25年）

<table>
<tr><th>编号039</th><th colspan="7">系统分析表</th></tr>
<tr><td colspan="8">生命长度：25年</td></tr>
<tr><td>营养来源</td><td>分析要素</td><td colspan="3">男</td><td colspan="3">女</td></tr>
<tr><td rowspan="4">外界</td><td rowspan="2">身高（cm）</td><td>低</td><td>正常</td><td>高</td><td>低</td><td>正常</td><td>高</td></tr>
<tr><td></td><td></td><td></td><td></td><td></td><td></td></tr>
<tr><td rowspan="2">体重（kg）</td><td>低</td><td>正常</td><td>高</td><td>低</td><td>正常</td><td>高</td></tr>
<tr><td></td><td></td><td></td><td></td><td></td><td></td></tr>
<tr><td>系统名称</td><td>主要器官</td><td colspan="6">描述和分析</td></tr>
<tr><td>神经系统</td><td>大脑、神经、脊髓</td><td colspan="6">大脑中的神经细胞会慢慢减少，前额叶皮层完全发育</td></tr>
<tr><td>呼吸系统</td><td>呼吸道、肺、肺血管</td><td colspan="6">肺活量持续缓慢下降</td></tr>
<tr><td rowspan="2">运动系统</td><td>肌肉（639块）</td><td colspan="6">肌肉经过锻炼可以强壮有力</td></tr>
<tr><td>骨骼（206块）</td><td colspan="6">人体骨骼保持在一定水平</td></tr>
<tr><td rowspan="3">消化系统</td><td>口腔、食管、胃</td><td colspan="6">胃容积正常</td></tr>
<tr><td>肝、胆、胰</td><td colspan="6">吸收脂肪能力正常</td></tr>
<tr><td>小肠、大肠、直肠</td><td colspan="6">肠功能正常</td></tr>
<tr><td>泌尿系统</td><td>肾、膀胱、尿道</td><td colspan="6">肾脏发育正常</td></tr>
<tr><td rowspan="2">循环系统</td><td>血管、脾脏</td><td colspan="6">淋巴结正常</td></tr>
<tr><td>心脏、心肌、心血管</td><td colspan="6">心脏与心血管作用达到顶峰</td></tr>
<tr><td rowspan="2">生殖系统</td><td>生殖器官　男</td><td colspan="6">生育功能正常</td></tr>
<tr><td>生殖器官　女</td><td colspan="6">生育功能正常</td></tr>
<tr><td colspan="2">内分泌系统（激素）</td><td colspan="6">促甲状腺激素、促肾上腺皮质激素分泌对应激素</td></tr>
<tr><td rowspan="5">人体感官</td><td>眼（视觉）</td><td colspan="6">视力正常</td></tr>
<tr><td>耳（听觉）</td><td colspan="6">听觉正常</td></tr>
<tr><td>鼻（嗅觉）</td><td colspan="6">嗅觉正常</td></tr>
<tr><td>皮肤（触觉）</td><td colspan="6">触觉正常，痛觉敏感</td></tr>
<tr><td>口腔、舌（味觉）、牙</td><td colspan="6">长出第三恒磨牙</td></tr>
</table>

表3—40　系统分析表（30年）

<table>
<tr><th>编号040</th><th colspan="7">系统分析表</th></tr>
<tr><td colspan="8">生命长度：30年</td></tr>
<tr><th>营养来源</th><th>分析要素</th><th colspan="3">男</th><th colspan="3">女</th></tr>
<tr><td rowspan="4">外界</td><td rowspan="2">身高（cm）</td><td>低</td><td>正常</td><td>高</td><td>低</td><td>正常</td><td>高</td></tr>
<tr><td></td><td></td><td></td><td></td><td></td><td></td></tr>
<tr><td rowspan="2">体重（kg）</td><td>低</td><td>正常</td><td>高</td><td>低</td><td>正常</td><td>高</td></tr>
<tr><td></td><td></td><td></td><td></td><td></td><td></td></tr>
<tr><th>系统名称</th><th>主要器官</th><th colspan="6">描述和分析</th></tr>
<tr><td>神经系统</td><td>大脑、神经、脊髓</td><td colspan="6">大脑开始衰老，处理信息速度减慢</td></tr>
<tr><td>呼吸系统</td><td>呼吸道、肺、肺血管</td><td colspan="6">每次呼吸会吸入1升空气</td></tr>
<tr><td rowspan="2">运动系统</td><td>肌肉（639块）</td><td colspan="6">肌肉开始衰老</td></tr>
<tr><td>骨骼（206块）</td><td colspan="6">人体骨骼保持在一定水平</td></tr>
<tr><td rowspan="3">消化系统</td><td>口腔、食管、胃</td><td colspan="6">胃容积正常</td></tr>
<tr><td>肝、胆、胰</td><td colspan="6">吸收脂肪能力正常</td></tr>
<tr><td>小肠、大肠、直肠</td><td colspan="6">肠功能正常</td></tr>
<tr><td>泌尿系统</td><td>肾、膀胱、尿道</td><td colspan="6">肾脏发育正常</td></tr>
<tr><td rowspan="2">循环系统</td><td>血管、脾脏</td><td colspan="6">淋巴结正常</td></tr>
<tr><td>心脏、心肌、心血管</td><td colspan="6">心脏与心血管作用达到顶峰</td></tr>
<tr><td rowspan="2">生殖系统</td><td rowspan="2">生殖器官　男
　　　　　女</td><td colspan="6">男：生育功能正常</td></tr>
<tr><td colspan="6">女：子宫内膜可能会变薄，使得受精卵难以着床；乳房开始下垂，乳晕急剧收缩</td></tr>
<tr><td colspan="2">内分泌系统（激素）</td><td colspan="6">促甲状腺激素、促肾上腺皮质激素分泌对应激素</td></tr>
<tr><td rowspan="5">人体感官</td><td>眼（视觉）</td><td colspan="6">视力正常</td></tr>
<tr><td>耳（听觉）</td><td colspan="6">听觉正常</td></tr>
<tr><td>鼻（嗅觉）</td><td colspan="6">嗅觉正常</td></tr>
<tr><td>皮肤（触觉）</td><td colspan="6">触觉正常，痛觉敏感</td></tr>
<tr><td>口腔、舌（味觉）、牙</td><td colspan="6">味觉完善</td></tr>
</table>

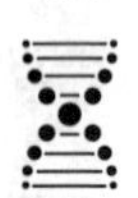

表3—41 系统分析表（32年）

编号041	系统分析表						
生命长度：32年							
营养来源	分析要素	男			女		
外界	身高（cm）	低	正常	高	低	正常	高
	体重（kg）	低	正常	高	低	正常	高

系统名称	主要器官		描述和分析
神经系统	大脑、神经、脊髓		处理信息速度减慢
呼吸系统	呼吸道、肺、肺血管		肺泡壁变薄，肺活量持续降低
运动系统	肌肉（639块）		肌肉逐步衰老
	骨骼（206块）		人体骨骼保持在一定水平
消化系统	口腔、食管、胃		胃容积正常
	肝、胆、胰		吸收脂肪能力正常
	小肠、大肠、直肠		肠功能正常
泌尿系统	肾、膀胱、尿道		肾脏发育正常
循环系统	血管、脾脏		淋巴结正常
	心脏、心肌、心血管		心脏向全身输送血液的效率开始降低
生殖系统	生殖器官	男	精子质量下降，生育能力下降
		女	子宫内膜可能会变薄，使得受精卵难以着床；乳房开始下垂，乳晕收缩
内分泌系统（激素）			雌性激素逐步减少
人体感官	眼（视觉）		眼部肌肉开始变得越来越无力，眼睛的聚焦能力开始下降
	耳（听觉）		听觉正常
	鼻（嗅觉）		嗅觉正常
	皮肤（触觉）		触觉正常，痛觉敏感
	口腔、舌（味觉）、牙		味觉完善

表3—42 系统分析表（35年）

<table>
<tr><th>编号042</th><th colspan="7">系统分析表</th></tr>
<tr><td colspan="8">生命长度：35年</td></tr>
<tr><td>营养来源</td><td>分析要素</td><td colspan="3">男</td><td colspan="3">女</td></tr>
<tr><td rowspan="4">外界</td><td rowspan="2">身高（cm）</td><td>低</td><td>正常</td><td>高</td><td>低</td><td>正常</td><td>高</td></tr>
<tr><td></td><td></td><td></td><td></td><td></td><td></td></tr>
<tr><td rowspan="2">体重（kg）</td><td>低</td><td>正常</td><td>高</td><td>低</td><td>正常</td><td>高</td></tr>
<tr><td></td><td></td><td></td><td></td><td></td><td></td></tr>
</table>

<table>
<tr><th>系统名称</th><th colspan="2">主要器官</th><th>描述和分析</th></tr>
<tr><td>神经系统</td><td colspan="2">大脑、神经、脊髓</td><td>处理信息速度减慢</td></tr>
<tr><td>呼吸系统</td><td colspan="2">呼吸道、肺、肺血管</td><td>肺泡壁变薄，肺活量持续降低</td></tr>
<tr><td rowspan="2">运动系统</td><td colspan="2">肌肉（639块）</td><td>肌肉衰老程度加快</td></tr>
<tr><td colspan="2">骨骼（206块）</td><td>骨质开始流失，进入自然老化过程</td></tr>
<tr><td rowspan="3">消化系统</td><td colspan="2">口腔、食管、胃</td><td>胃容积正常</td></tr>
<tr><td colspan="2">肝、胆、胰</td><td>吸收脂肪能力正常</td></tr>
<tr><td colspan="2">小肠、大肠、直肠</td><td>肠功能正常</td></tr>
<tr><td>泌尿系统</td><td colspan="2">肾、膀胱、尿道</td><td>肾重量减轻，间质纤维化增加，肾小球数量减少</td></tr>
<tr><td rowspan="2">循环系统</td><td colspan="2">血管、脾脏</td><td>淋巴结正常</td></tr>
<tr><td colspan="2">心脏、心肌、心血管</td><td>心脏向全身输送血液的效率继续降低</td></tr>
<tr><td rowspan="2">生殖系统</td><td rowspan="2">生殖器官</td><td>男</td><td>精子质量下降，生育能力下降</td></tr>
<tr><td>女</td><td>卵巢中卵泡的数量和质量开始下降，生育能力下降；乳房的组织和脂肪开始丧失，大小和丰满度因此下降</td></tr>
<tr><td colspan="3">内分泌系统（激素）</td><td>雌性激素逐步减少</td></tr>
<tr><td rowspan="5">人体感官</td><td colspan="2">眼（视觉）</td><td>眼部肌肉变得越来越无力，眼睛的聚焦能力逐步下降</td></tr>
<tr><td colspan="2">耳（听觉）</td><td>听觉正常</td></tr>
<tr><td colspan="2">鼻（嗅觉）</td><td>嗅觉正常</td></tr>
<tr><td colspan="2">皮肤（触觉）</td><td>触觉正常，痛觉敏感</td></tr>
<tr><td colspan="2">口腔、舌（味觉）、牙</td><td>味觉完善</td></tr>
</table>

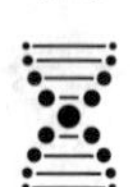

表3—43　系统分析表（40年）

编号043	系统分析表							
生命长度：40年								
营养来源	分析要素		男			女		
外界	身高（cm）		低	正常	高	低	正常	高
	体重（kg）		低	正常	高	低	正常	高
系统名称	主要器官		描述和分析					
神经系统	大脑、神经、脊髓		神经细胞的数量开始以每天1万个的速度递减					
呼吸系统	呼吸道、肺、肺血管		肺泡壁变薄，肺活量持续降低					
运动系统	肌肉（639块）		肌肉开始以每年0.5%到2%的速度减少					
	骨骼（206块）		骨质开始流失，进入自然老化过程					
消化系统	口腔、食管、胃		胃容积正常					
	肝、胆、胰		吸收脂肪能力正常					
	小肠、大肠、直肠		肠功能正常					
泌尿系统	肾、膀胱、尿道		肾重量减轻，间质纤维化增加，肾小球数量减少					
循环系统	血管、脾脏		淋巴结正常					
	心脏、心肌、心血管		心脏向全身输送血液的效率继续降低					
生殖系统	生殖器官	男	精子质量下降，生育能力下降					
		女	卵巢中卵泡的数量和质量逐步下降，生育能力下降；乳房的组织和脂肪逐步丧失，大小和丰满度因此下降					
内分泌系统（激素）			雌性激素逐步减少					
人体感官	眼（视觉）		眼部肌肉变得越来越无力，眼睛的聚焦能力逐步下降					
	耳（听觉）		听觉正常					
	鼻（嗅觉）		嗅觉正常					
	皮肤（触觉）		开始出现皮肤老化特征					
	口腔、舌（味觉）、牙		唾液减少使牙齿和牙龈更易损伤					

表3—44　系统分析表（45年）

<table>
<tr><th>编号044</th><th colspan="7">系统分析表</th></tr>
<tr><td colspan="8">生命长度：45年</td></tr>
<tr><td>营养来源</td><td>分析要素</td><td colspan="3">男</td><td colspan="3">女</td></tr>
<tr><td rowspan="4">外界</td><td rowspan="2">身高（cm）</td><td>低</td><td>正常</td><td>高</td><td>低</td><td>正常</td><td>高</td></tr>
<tr><td></td><td></td><td></td><td></td><td></td><td></td></tr>
<tr><td rowspan="2">体重（kg）</td><td>低</td><td>正常</td><td>高</td><td>低</td><td>正常</td><td>高</td></tr>
<tr><td></td><td></td><td></td><td></td><td></td><td></td></tr>
<tr><td>系统名称</td><td>主要器官</td><td colspan="6">描述和分析</td></tr>
<tr><td>神经系统</td><td>大脑、神经、脊髓</td><td colspan="6">大脑信息处理速度减慢</td></tr>
<tr><td>呼吸系统</td><td>呼吸道、肺、肺血管</td><td colspan="6">肺泡壁变薄，弹性降低，肺组织重量减轻，呼吸肌萎缩</td></tr>
<tr><td rowspan="2">运动系统</td><td>肌肉（639块）</td><td colspan="6">肌肉老化，随年龄增长肌细胞水分减少</td></tr>
<tr><td>骨骼（206块）</td><td colspan="6">骨质开始流失，进入自然老化过程</td></tr>
<tr><td rowspan="3">消化系统</td><td>口腔、食管、胃</td><td colspan="6">胃容积正常</td></tr>
<tr><td>肝、胆、胰</td><td colspan="6">吸收脂肪能力正常</td></tr>
<tr><td>小肠、大肠、直肠</td><td colspan="6">肠功能正常</td></tr>
<tr><td>泌尿系统</td><td>肾、膀胱、尿道</td><td colspan="6">肾重量减轻，间质纤维化增加，肾小球数量减少</td></tr>
<tr><td rowspan="2">循环系统</td><td>血管、脾脏</td><td colspan="6">淋巴结正常</td></tr>
<tr><td>心脏、心肌、心血管</td><td colspan="6">血管逐渐失去弹性，动脉也可能变硬或者变得阻塞</td></tr>
<tr><td rowspan="2">生殖系统</td><td>生殖器官　男</td><td colspan="6">精子质量下降，生育能力下降</td></tr>
<tr><td>生殖器官　女</td><td colspan="6">子宫内膜周期性变化停止，进入绝经期</td></tr>
<tr><td colspan="2">内分泌系统（激素）</td><td colspan="6">雌性激素急剧减少</td></tr>
<tr><td rowspan="5">人体感官</td><td>眼（视觉）</td><td colspan="6">眼部肌肉变得越来越无力，眼睛的聚焦能力逐步下降</td></tr>
<tr><td>耳（听觉）</td><td colspan="6">听觉开始退化</td></tr>
<tr><td>鼻（嗅觉）</td><td colspan="6">嗅觉正常</td></tr>
<tr><td>皮肤（触觉）</td><td colspan="6">皮肤逐步老化</td></tr>
<tr><td>口腔、舌（味觉）、牙</td><td colspan="6">牙周的牙龈组织流失后，牙龈会萎缩</td></tr>
</table>

5. 衰老

人体是一个系统，他有9个子系统、180个器官，数百种组织、几百种细胞，每个子系统、器官、组织、细胞都会经历从新生到衰老再到死亡的过程，而且进度各不相同。我们研究人体衰老要从人的整体出发，根据环境、目标的不同来确定人的衰老过程。

人体衰老是一个从量变到质变的过程，不能将某些器官功能微微下降就认定为人衰老的开始，而应该将某个质变的开始确定为人衰老的起始。

我们以女性生殖功能结束代表她进入了衰老过程，那时身体内与生殖系统相关的器官都会受到牵连，甚至连情绪都会受到影响，呈现出衰老的表现，这时她大约50岁。

男性衰老的标志判断有点难，因为男性没有一个明显的质变标志来显示他老了，结果大家也以男性生殖功能的状况来判断男性衰老，误以为男性衰老年龄迟于女性。最典型的例子就是男女退休年龄：在同工同酬的大前提下，男工人60岁退休，女工人50岁退休，年龄相差10岁。

理论上讲，衰老直接影响的是寿命。根据世界各国的统计数据，女性平均预期寿命普遍比男性高3~8岁。中国也不例外，女性平均预期寿命比男性高3岁，而中国周边国家如朝鲜、日本、新加坡、泰国、越南等，女性平均预期寿命比男性高6岁以上。由此从大数据统计上可以推断出男性开始衰老的年龄应该要比女性早5年左右，即45岁。

男性衰老早于女性，男性平均预期寿命低于女性是顺理成章的事，但男性退休年龄高于女性就显得不合理，现在需要男性去追求男女平等了。随着科学技术的发展和人类社会的进步，人们已经意识到了这种不合理，正在逐步改进为男女同工同酬并同年龄退休，实现“男女平等”。

表3—45 系统分析表（50年）

<table>
<tr><td>编号045</td><td colspan="8">系统分析表</td></tr>
<tr><td colspan="9">生命长度：50年</td></tr>
<tr><td>营养来源</td><td colspan="2">分析要素</td><td colspan="3">男</td><td colspan="3">女</td></tr>
<tr><td rowspan="4">外界</td><td colspan="2" rowspan="2">身高（cm）</td><td>低</td><td>正常</td><td>高</td><td>低</td><td>正常</td><td>高</td></tr>
<tr><td></td><td></td><td></td><td></td><td></td><td></td></tr>
<tr><td colspan="2" rowspan="2">体重（kg）</td><td>低</td><td>正常</td><td>高</td><td>低</td><td>正常</td><td>高</td></tr>
<tr><td></td><td></td><td></td><td></td><td></td><td></td></tr>
<tr><td>系统名称</td><td colspan="2">主要器官</td><td colspan="6">描述和分析</td></tr>
<tr><td>神经系统</td><td colspan="2">大脑、神经、脊髓</td><td colspan="6">多种脑神经递质的能力皆有所下降</td></tr>
<tr><td>呼吸系统</td><td colspan="2">呼吸道、肺、肺血管</td><td colspan="6">肺泡壁变薄，弹性降低，肺组织重量减轻，呼吸肌萎缩</td></tr>
<tr><td rowspan="2">运动系统</td><td colspan="2">肌肉（639块）</td><td colspan="6">肌细胞水分减少，脂褐素沉积增多，肌纤维变细</td></tr>
<tr><td colspan="2">骨骼（206块）</td><td colspan="6">骨质吸收超过骨质形成</td></tr>
<tr><td rowspan="3">消化系统</td><td colspan="2">口腔、食管、胃</td><td colspan="6">口腔牙龈萎缩，齿槽管被吸收，牙齿松动，牙釉质丧失</td></tr>
<tr><td colspan="2">肝、胆、胰</td><td colspan="6">肝细胞数减少，变性结缔组织增加</td></tr>
<tr><td colspan="2">小肠、大肠、直肠</td><td colspan="6">肠开始衰老，肠内友好细菌数量大幅下降</td></tr>
<tr><td>泌尿系统</td><td colspan="2">肾、膀胱、尿道</td><td colspan="6">肾过滤量开始减少</td></tr>
<tr><td rowspan="2">循环系统</td><td colspan="2">血管、脾脏</td><td colspan="6">血管硬化，可扩张性减小，易发生血压上升及体位性低血压</td></tr>
<tr><td colspan="2">心脏、心肌、心血管</td><td colspan="6">男性心脏病发病概率较大</td></tr>
<tr><td rowspan="2">生殖系统</td><td rowspan="2">生殖器官</td><td>男</td><td colspan="6">前列腺开始老化</td></tr>
<tr><td>女</td><td colspan="6">生育能力下降，子宫内膜周期性变化停止，进入绝经期</td></tr>
<tr><td colspan="3">内分泌系统（激素）</td><td colspan="6">睾丸间质细胞的睾酮分泌下降，受体数目减少</td></tr>
<tr><td rowspan="5">人体感官</td><td colspan="2">眼（视觉）</td><td colspan="6">视觉逐渐下降</td></tr>
<tr><td colspan="2">耳（听觉）</td><td colspan="6">听力开始衰退</td></tr>
<tr><td colspan="2">鼻（嗅觉）</td><td colspan="6">嗅觉开始退化</td></tr>
<tr><td colspan="2">皮肤（触觉）</td><td colspan="6">皮脂腺分泌减少，容易裂开，没有光泽</td></tr>
<tr><td colspan="2">口腔、舌（味觉）、牙</td><td colspan="6">味觉开始退化</td></tr>
</table>

表3—46　系统分析表（60年）

编号046	系统分析表						
生命长度：60年							
营养来源	分析要素	男			女		
外界	身高（cm）	低	正常	高	低	正常	高
	体重（kg）	低	正常	高	低	正常	高
系统名称	主要器官	描述和分析					
神经系统	大脑、神经、脊髓	杏仁核运转正常，但与其他关系的交互发生了变化；大脑皮质神经和细胞数减少20%～25%					
呼吸系统	呼吸道、肺、肺血管	咽黏膜和上呼吸道萎缩，容易引起上呼吸道感染					
运动系统	肌肉（639块）	肌细胞水分减少，脂褐素沉积增多，肌纤维变细					
	骨骼（206块）	骨质吸收超过骨质形成					
消化系统	口腔、食管、胃	食管肌肉萎缩，收缩力减弱，食管颤动变小，食物通过时间延长					
	肝、胆、胰	肝细胞数减少，变性结缔组织增加，易造成肝纤维化和硬化					
	小肠、大肠、直肠	消化功能下降，肠道疾病风险大大增加					
泌尿系统	肾、膀胱、尿道	输尿管肌层变薄，支配肌肉活动的神经减少，输尿管驰缩力降低，使泵入膀胱的速度变慢					
循环系统	血管、脾脏	血管硬化，可扩张性减小，易发生血压上升及体位性低血压					
	心脏、心肌、心血管	女性心脏病发病概率增大					
生殖系统	生殖器官　男	性腺睾丸间质细胞的睾酮分泌下降，性功能减退					
	生殖器官　女	基本上失去生育能力，阴道萎缩、干燥，阴道壁丧失弹性					
内分泌系统（激素）		胰岛素分泌减少，细胞膜上胰岛素受体减少，对胰岛素敏感性降低					
人体感官	眼（视觉）	视觉开始退化					
	耳（听觉）	内耳柯蒂氏器老化，导致听力大幅下降					
	鼻（嗅觉）	嗅觉逐渐不灵敏					
	皮肤（触觉）	触觉灵敏度降低					
	口腔、舌（味觉）、牙	味觉逐渐不灵敏					

表3—47 系统分析表（70年）

<table>
<tr><th>编号047</th><th colspan="8">系统分析表</th></tr>
<tr><td colspan="9">生命长度：70年</td></tr>
<tr><th>营养来源</th><th colspan="2">分析要素</th><th colspan="3">男</th><th colspan="3">女</th></tr>
<tr><td rowspan="4">外界</td><td colspan="2" rowspan="2">身高（cm）</td><td>低</td><td>正常</td><td>高</td><td>低</td><td>正常</td><td>高</td></tr>
<tr><td></td><td></td><td></td><td></td><td></td><td></td></tr>
<tr><td colspan="2" rowspan="2">体重（kg）</td><td>低</td><td>正常</td><td>高</td><td>低</td><td>正常</td><td>高</td></tr>
<tr><td></td><td></td><td></td><td></td><td></td><td></td></tr>
<tr><th>系统名称</th><th colspan="2">主要器官</th><th colspan="6">描述和分析</th></tr>
<tr><td>神经系统</td><td colspan="2">大脑、神经、脊髓</td><td colspan="6">杏仁核与海马体的联系越来越少，与背外侧额叶皮层联系增多，倾向愉悦的记忆和经历</td></tr>
<tr><td>呼吸系统</td><td colspan="2">呼吸道、肺、肺血管</td><td colspan="6">气管、支气管，支气管黏膜萎缩，弹性组织减少，纤维组织增生，黏膜下腺体和平滑肌萎缩</td></tr>
<tr><td rowspan="2">运动系统</td><td colspan="2">肌肉（639块）</td><td colspan="6">重量减轻，肌肉韧带萎缩，耗氧量减少，肌力减低，易疲劳</td></tr>
<tr><td colspan="2">骨骼（206块）</td><td colspan="6">骨皮质变薄，髓质增宽，胶质减少或消失，骨内水分增多</td></tr>
<tr><td rowspan="3">消化系统</td><td colspan="2">口腔、食管、胃</td><td colspan="6">胃黏膜及腺细胞萎缩、退化，胃液分泌减少，胃黏膜机械损伤</td></tr>
<tr><td colspan="2">肝、胆、胰</td><td colspan="6">肝脏开始老化，再生能力减弱</td></tr>
<tr><td colspan="2">小肠、大肠、直肠</td><td colspan="6">肠、小肠绒毛增宽变短，平滑肌层变薄，收缩蠕动无力</td></tr>
<tr><td>泌尿系统</td><td colspan="2">肾、膀胱、尿道</td><td colspan="6">膀胱开始衰老，容量减少，肾单位减少1/2～1/3</td></tr>
<tr><td rowspan="2">循环系统</td><td colspan="2">血管、脾脏</td><td colspan="6">动脉内膜增厚，中层胶原纤维增加</td></tr>
<tr><td colspan="2">心脏、心肌、心血管</td><td colspan="6">心瓣膜退行性变和钙化，窦房结P细胞减少，纤维增多</td></tr>
<tr><td rowspan="2">生殖系统</td><td rowspan="2">生殖器官</td><td>男</td><td colspan="6">性腺睾丸间质细胞的睾酮分泌下降，性功能减退</td></tr>
<tr><td>女</td><td colspan="6">失去生育能力，阴道萎缩、干燥，阴道壁丧失弹性</td></tr>
<tr><td colspan="3">内分泌系统（激素）</td><td colspan="6">垂体产生的胺类和肽类激素减少，使其调节功能减退，下丘脑敏感阈值升高，应激反应延缓</td></tr>
<tr><td rowspan="5">人体感官</td><td colspan="2">眼（视觉）</td><td colspan="6">视觉退化</td></tr>
<tr><td colspan="2">耳（听觉）</td><td colspan="6">听觉退化</td></tr>
<tr><td colspan="2">鼻（嗅觉）</td><td colspan="6">鼻软骨弹性降低，黏膜及腺体萎缩</td></tr>
<tr><td colspan="2">皮肤（触觉）</td><td colspan="6">皮肤神经末梢的密度显著减少，皮肤调温功能下降</td></tr>
<tr><td colspan="2">口腔、舌（味觉）、牙</td><td colspan="6">味觉退化</td></tr>
</table>

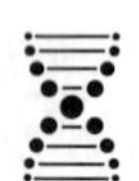

表3—48　系统分析表（80年）

<table>
<tr><th>编号048</th><th colspan="8">系统分析表</th></tr>
<tr><td colspan="9">生命长度：80年</td></tr>
<tr><th>营养来源</th><th colspan="2">分析要素</th><th colspan="3">男</th><th colspan="3">女</th></tr>
<tr><td rowspan="4">外界</td><td colspan="2" rowspan="2">身高（cm）</td><td>低</td><td>正常</td><td>高</td><td>低</td><td>正常</td><td>高</td></tr>
<tr><td></td><td></td><td></td><td></td><td></td><td></td></tr>
<tr><td colspan="2" rowspan="2">体重（kg）</td><td>低</td><td>正常</td><td>高</td><td>低</td><td>正常</td><td>高</td></tr>
<tr><td></td><td></td><td></td><td></td><td></td><td></td></tr>
<tr><th>系统名称</th><th colspan="2">主要器官</th><th colspan="6">描述和分析</th></tr>
<tr><td>神经系统</td><td colspan="2">大脑、神经、脊髓</td><td colspan="6">植物神经系统萎缩明显</td></tr>
<tr><td>呼吸系统</td><td colspan="2">呼吸道、肺、肺血管</td><td colspan="6">支气管软骨钙化、变硬，管腔扩张，小气道状细胞数量增多，分泌亢进，黏液潴留，气流阻力增加</td></tr>
<tr><td rowspan="2">运动系统</td><td colspan="2">肌肉（639块）</td><td colspan="6">重量减轻，肌肉韧带萎缩，耗氧量减少，肌力减低，易疲劳</td></tr>
<tr><td colspan="2">骨骼（206块）</td><td colspan="6">碳酸钙减少，骨密度减低，骨质疏松，脆性增加，易发生骨折</td></tr>
<tr><td rowspan="3">消化系统</td><td colspan="2">口腔、食管、胃</td><td colspan="6">胃黏膜被胃酸和胃蛋白酶破坏，降低胃蛋白酶的消化作用和灭菌作用</td></tr>
<tr><td colspan="2">肝、胆、胰</td><td colspan="6">肝功能减退，合成蛋白能力下降，肝解毒功能下降，易引起药物性肝损害</td></tr>
<tr><td colspan="2">小肠、大肠、直肠</td><td colspan="6">吸收功能差，小肠分泌减少，各种消化酶水平下降，致小肠消化功能大大减退，结肠黏膜萎缩</td></tr>
<tr><td>泌尿系统</td><td colspan="2">肾、膀胱、尿道</td><td colspan="6">肾小管分泌与吸收功能下降</td></tr>
<tr><td rowspan="2">循环系统</td><td colspan="2">血管、脾脏</td><td colspan="6">小动脉管腔变小，动脉粥样硬化</td></tr>
<tr><td colspan="2">心脏、心肌、心血管</td><td colspan="6">心肌细胞纤维化，脂褐素沉积，胶原增多，淀粉样变</td></tr>
<tr><td rowspan="2">生殖系统</td><td rowspan="2">生殖器官</td><td>男</td><td colspan="6">性腺睾丸间质细胞的睾酮分泌下降，性功能减退</td></tr>
<tr><td>女</td><td colspan="6">失去生育能力，阴道萎缩、干燥，阴道壁丧失弹性</td></tr>
<tr><td colspan="3">内分泌系统（激素）</td><td colspan="6">肾上腺皮质的雄激素分泌直线下降，老年人保持内环境稳定的能力与应激能力降低</td></tr>
<tr><td rowspan="5">人体感官</td><td colspan="2">眼（视觉）</td><td colspan="6">视觉退化</td></tr>
<tr><td colspan="2">耳（听觉）</td><td colspan="6">听觉退化</td></tr>
<tr><td colspan="2">鼻（嗅觉）</td><td colspan="6">嗅觉退化</td></tr>
<tr><td colspan="2">皮肤（触觉）</td><td colspan="6">感觉迟钝，脂褐素沉积形成老年斑</td></tr>
<tr><td colspan="2">口腔、舌（味觉）、牙</td><td colspan="6">味觉退化较多</td></tr>
</table>

表3—49 系统分析表（90年）

<table>
<tr><th>编号049</th><th colspan="7">系统分析表</th></tr>
<tr><td colspan="8">生命长度：90年</td></tr>
<tr><th>营养来源</th><th>分析要素</th><th colspan="3">男</th><th colspan="3">女</th></tr>
<tr><td rowspan="4">外界</td><td rowspan="2">身高（cm）</td><td>低</td><td>正常</td><td>高</td><td>低</td><td>正常</td><td>高</td></tr>
<tr><td></td><td></td><td></td><td></td><td></td><td></td></tr>
<tr><td rowspan="2">体重（kg）</td><td>低</td><td>正常</td><td>高</td><td>低</td><td>正常</td><td>高</td></tr>
<tr><td></td><td></td><td></td><td></td><td></td><td></td></tr>
</table>

<table>
<tr><th>系统名称</th><th colspan="2">主要器官</th><th>描述和分析</th></tr>
<tr><td>神经系统</td><td colspan="2">大脑、神经、脊髓</td><td>大脑明显老化</td></tr>
<tr><td>呼吸系统</td><td colspan="2">呼吸道、肺、肺血管</td><td>呼吸系统老化</td></tr>
<tr><td rowspan="2">运动系统</td><td colspan="2">肌肉（639块）</td><td>肌肉老化</td></tr>
<tr><td colspan="2">骨骼（206块）</td><td>骨骼老化</td></tr>
<tr><td rowspan="3">消化系统</td><td colspan="2">口腔、食管、胃</td><td>消化系统老化</td></tr>
<tr><td colspan="2">肝、胆、胰</td><td>肝脏老化</td></tr>
<tr><td colspan="2">小肠、大肠、直肠</td><td>肠老化</td></tr>
<tr><td>泌尿系统</td><td colspan="2">肾、膀胱、尿道</td><td>肾老化</td></tr>
<tr><td rowspan="2">循环系统</td><td colspan="2">血管、脾脏</td><td>血管功能老化</td></tr>
<tr><td colspan="2">心脏、心肌、心血管</td><td>心脏衰竭概率增大</td></tr>
<tr><td rowspan="2">生殖系统</td><td rowspan="2">生殖器官</td><td>男</td><td>生殖系统老化</td></tr>
<tr><td>女</td><td>生殖系统老化</td></tr>
<tr><td colspan="3">内分泌系统（激素）</td><td>分泌激素趋于零</td></tr>
<tr><td rowspan="5">人体感官</td><td colspan="2">眼（视觉）</td><td>视觉老化</td></tr>
<tr><td colspan="2">耳（听觉）</td><td>几乎听不见声音</td></tr>
<tr><td colspan="2">鼻（嗅觉）</td><td>嗅觉不灵敏</td></tr>
<tr><td colspan="2">皮肤（触觉）</td><td>触觉迟钝</td></tr>
<tr><td colspan="2">口腔、舌（味觉）、牙</td><td>几乎没有味觉</td></tr>
</table>

表3—50 系统分析表（100年）

编号050	系统分析表							
生命长度：100年								
营养来源	分析要素		男			女		
外界	身高（cm）		低	正常	高	低	正常	高
	体重（kg）		低	正常	高	低	正常	高
系统名称	主要器官		描述和分析					
神经系统	大脑、神经、脊髓		大脑明显老化					
呼吸系统	呼吸道、肺、肺血管		呼吸系统老化					
运动系统	肌肉（639块）		肌肉老化					
	骨骼（206块）		骨骼老化					
消化系统	口腔、食管、胃		消化系统老化					
	肝、胆、胰		肝脏老化					
	小肠、大肠、直肠		肠老化					
泌尿系统	肾、膀胱、尿道		肾老化					
循环系统	血管、脾脏		血管功能老化					
	心脏、心肌、心血管		心脏衰竭概率增大					
生殖系统	生殖器官	男	生殖系统老化					
		女	生殖系统老化					
内分泌系统（激素）			分泌激素趋于零					
人体感官	眼（视觉）		视觉老化					
	耳（听觉）		几乎听不见声音					
	鼻（嗅觉）		嗅觉不灵敏					
	皮肤（触觉）		触觉迟钝					
	口腔、舌（味觉）、牙		几乎没有味觉					

“系统分析表”用表格的形式记录人体各系统主要器官的状态，具有直观、易查、便于统计分析等诸多优点，是系统分析的有力工具。

我们采用办公软件中的表格处理软件编制人体系统分析表，以人的生命长度为索引键，详细记录人一生各器官的状态。基于表格处理软件的强大功能，可以将表格中的任一单元无限扩展链接，使我们可以对人体的任何器官、组织、细胞进行更为详细的分析研究，满足各种使用需求。

人的生命长度只有几万天，若每天做一次记录，我们就能清楚地看到人体各个器官从形成、成长到维持、衰亡的全过程。通过系统分析表我们还可以发现人体器官从量变到质变的规律，从而发现人体各个器官的生命周期，为延长人的寿命提供基础数据。

基于本书的篇幅限制，我们精选了五十张人体生命重要时刻的系统分析表，从受精卵4周开始直到100岁结束，通过描述人体八大系统中主要器官以及感觉器官的发展变化来展现人一生的发展过程。

系统分析表从人的胎儿阶段到新生儿、形成期、成长期、衰退期，记录各个时段人体器官和系统的主要作用及其当前形态、发展、完善以及衰竭。表格中的身高体重数据参照中华人民共和国国家卫生健康委员会发布的中华人民共和国卫生行业标准（WS/T 423—2022）《7岁以下儿童生长标准》和（WS/T 612—2018）《7岁~18岁儿童青少年身高发育等级评价》编制。

|第四章|

人体软件系统初探

从广义上讲，DNA中存储的就是人体软件系统，这些软件必须包括制造人的全部信息和管理生命正常运转的全部程序。我们的目标是研究DNA中到底存放了哪些软件和信息数据，才能把人造出来并使其顺利度过一生。

一、人的生命周期

关于人是什么，有各种说法，但不是本书的研究范畴。我们感兴趣的是当把人的生命当作一个管理对象来看时，全世界绝大多数人都是差不多的：一个大脑、一个鼻子、一张嘴巴、两只耳朵、两只眼睛、四肢、七窍，还有心、肝、脾、肺、肾，以及骨头等数量是一样的，只是大小、形状、颜色上有差别。

值得注意的是，从卵子受精到婴儿出生的时间历程基本是一样的，不因地域、肤色、种族等因素出现本质差别。我们可以这样推测：既然每个人胚胎期的时间长度基本一样，那么每一个人出生后的预期寿命基本上也是一样的。这是自然世界给出的人类生命长度，从而引出了人的生命周期概念。

生命周期（Life-Cycle）是指一个对象形成、成长、成熟、衰老和死亡的全过程。生命周期理论是在综合多个学科的基础上提出来的。人的生命周期理论为人的生命过程提供一个有用的框架，用来预见人的一生要经历哪些阶段。

一般将人的生命周期划分为以下五个阶段：

1．婴幼儿时期。

2．少年时期。

3．青年时期。

4．中年时期。

5．老年时期。

这样划分对人的生命管理系统而言，不仅省略了人的胚胎期，而且不能支持生命管理系统对人的生命全过程的细节管理。

既然大自然给出了人的生命长度，这个参数一定是存放在每个人的DNA里面，而且是代代相传，没有变异过的。站在计算机管理系统的角度上看，从受精卵形成，到人的出生、成长、成熟、衰老、死亡，这就是一个生命周期时间数据库，生命管理系统严格按照数据库的时间顺序管理人的生命进程。

生命周期时间数据库的内容就是理想状态下人的生命周期，它明确定义了某一个时间段的生命状态，比如说16岁，就是成长期里的青春期状态。

基于生命管理系统只管理人的生命活动，本书将人的生命周期划分如下：

1．人的形成阶段。

2．人的成长阶段。

3．人的维护阶段。

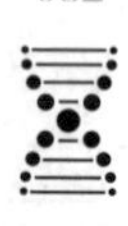

4. 人的衰老阶段。

这样划分和前一种划分方式差不多，都有点太宏观，看不出什么情况。我们把它细分一下，将“人”换成“系统”：

1. 系统的形成阶段。

2. 系统的成长阶段。

3. 系统的维护阶段。

4. 系统的衰老阶段。

用一个人的实际子系统来举例，比如说“生殖系统”，那就是：

1. 生殖系统的形成阶段。

2. 生殖系统的成长阶段。

3. 生殖系统的维护阶段。

4. 生殖系统的衰老阶段。

其他子系统以此类推，运动系统、肌肉系统、神经系统、内分泌系统、循环系统、免疫系统、呼吸系统、消化系统和泌尿系统也可以划分上述四个阶段。但有一点很明确，在生命管理系统的管理下，人体各个子系统的形成、成长、维护和衰老的时间长度各有不同。

对于生命管理系统而言，子系统还是比较庞大，过于复杂，把它再细分一下，将“子系统”换成“器官”，我们选一个孕育生命的器官“卵巢”：

1. 卵巢的形成阶段。

2. 卵巢的成长阶段。

3. 卵巢的维护阶段。

4．卵巢的衰老阶段。

其他器官亦以此类推。这里再次说明，在生命管理系统的管理下，人体各个器官的形成、成长、维护和衰老的时间长度各有不同。例如，卵巢处于衰老阶段时，肺仍处于维护阶段。

如果还觉得不够细，可把它再细分一下，将“器官”换成“组织”。人体有四大组织：肌肉组织、神经组织、上皮组织、结缔组织。以肌肉组织为例：

1．肌肉组织的形成阶段。

2．肌肉组织的成长阶段。

3．肌肉组织的维护阶段。

4．肌肉组织的衰老阶段。

这样划分肌肉组织的生命周期是非常合理的，完全符合生命周期理论的定义。

最后，也是最重要的，将“组织”换成“细胞”，细胞才是人体的基本组成单位：

1．细胞的形成阶段。

2．细胞的成长阶段。

3．细胞的维护阶段。

4．细胞的衰老阶段。

人体内有几百种细胞。几百种细胞就有几百种特性，不能一概而论。比如说卵子细胞，她的存在阶段与众不同：是形成、维护、成长、衰老四个阶段。她的形成阶段很短（几个月），然后就是漫长的维护阶段，维护阶段时间长短不一（十几年到几十年），极少数能进入成长阶段（几十天），这极少数中，28天里

只有1个能坚持到最后，这最后一个运气好的话会成为受精卵，再造一个人，否则就灭亡，排出体外。

生命管理系统是否可以控制细胞的形成、成长、维护和衰老？这是毫无疑问的，人的生命管理系统就是靠控制细胞的形成、成长、维护和衰老，从而控制了人的生命周期。生命周期数据库则向生命管理系统提供控制细胞形成、成长、维护和衰老的参数和依据。

生命周期数据库是依据人体生长时间顺序读取的数据库，既不可跳着往前读，也不能退回来往后读。换句话说，在婴儿时期读不到老年时期的数据，在老年时期也读不到婴儿时期的数据，因此返老还童是做不到的。

生命周期数据库的索引键是“细胞名称+时间数据段”，这个时间数据段有多长我们不知道，但它一定覆盖生命周期的全过程。当干细胞用细胞名称加上人的生存时间读取生命周期时间数据库时，读到的就是那时应该制造何种（那一阶段）细胞的数据。以制造皮肤为例：制造皮肤的干细胞在婴儿时期读到的是皮肤成长初级阶段的数据，于是就制造婴儿时期的皮肤；到了老年时期，干细胞读到的是皮肤衰老阶段的数据，于是就制造老年时期的皮肤。以此类推，人从婴儿慢慢长大、变老，这是一个不可逆的过程，看起来很复杂，其实只要几个数据项就可以决定了。

生命周期数据库定义了人体中每一种细胞的形成、成长、维护和衰老阶段的时间长度，进而就定义了人的生命长度，并确定了人生命周期的各个阶段。

这里就有一个问题：人是一个会动的生物，一旦会走路，满世界乱跑，他身体里的时间是从哪里来的？下面我们引出一个叫作人体内部时钟的东西，通过讨论它的形成和运作机制来回答这个问题。

二、人体内部时钟

中国有句俗话说“十月怀胎，一朝分娩”，讲的是母亲的受孕时间。由于这是一句老话，这里的月是中国阴历的月，但中国阴历有大月和小月之分，大月30天，小月29天。用大月计算则为300天，不对；用小月计算则为290天，也不对，与实际情况均不相符。于是就以4周算一“月”，一周7天，4×7×10=280天，这回差不多了，“业内人士”（妇女）都能理解，业外人士（男人）则一头雾水。

现代医学描述分娩时间就精确多了，两种计算方法：第一种以孕妇受孕前最后一次月经的第一天为起始日，280天为预产（分娩）期；第二种以卵子受精的时间为起始日，266天为预产（分娩）期。一般情况下，大家还是会采用280天的计算方法，中西方一样，殊途同归。

母亲受孕266天就想把孩子生下来？就不想早几天或晚几天？很明显这事她做不了主。胎儿在子宫中那么舒服，万事不愁，他就那么想冲到外面去？这是生命周期数据库内定的时间表，是生命管理系统严格执行的结果。

既然有时间表，那就一定有日历，有日历就一定有时间计数器，也就是我们平常说的时钟，人体时钟的计量单位一定不是时、分、秒，也一定没有年、月、日。道理很简单，最初有人的时候还没有年月日时分秒，人的历史比有年月日时分秒的历史可长太多了。

手表是最常用的时间计数器，通常有两大类：机械表和石英表。机械表用摆轮和游丝产生稳定的振动频率，高级一点的每秒摆动8次；石英表采用石英产生振荡频率，通电后产生的振荡频率为32768次/秒。振荡频率愈高，计时（手表）愈准，因此石英表比机械表准得多。人体内部时钟是生物计时器，也是生物振荡器，其振荡频率应该介于机械振荡器和石英振荡器之间，超过每秒3万次。振荡器将振荡信号发给计时器，计时器记录信号的数量并按一定的进制进位，其原理应该和钟表完全一样，只是进制不同。二进制？不可能。十进制？十二进制？二十四进制？六十进制？估计都不是，人体内部时钟不用那么多进制，只要一种就够了。

每个人都有自己的内部时钟，虽然大体都差不多，但是也会有一点小误差，主要体现在生物振荡器的振荡频率上，所以就有人时间计数快一点（相对于国际标准时间，下同），有人时间计数慢一点。相对分娩而言，有人早一点出生，有人晚一点出生，误差在5%范围内，医生都说正常。值得注意的是，过去老人家常说：男孩子调皮，通常会早几天出来（早于预产期分娩）；女孩子安静，通常会迟几天出来（晚于预产期分娩）。这表示男孩子的生物振荡器频率快一点，时钟走得也快一点，日子过得也就快一点，从而导致分娩时间的提前。女孩子的生物振荡器频率慢一点，时钟走得也慢一点，日子过得也就慢一点，从而导致分娩时间的推后。这事对于分娩（出生）时间似乎影响不大，早几天、晚几天的事。但生物振荡器频率的快慢对于体育运动，影响就大了，生物振荡器频率快，人反应肯定就快，继而动作就快，女性生物振荡器频率慢一点，女性的生命周期时间就要比男性长一点，寿命自然也就长一点。

三、人体内部系统日历

人生一世，草木一秋。“人生一世”就是自然界给人定的理想生命长度。

我们先思考一下，大自然出现人类的时候，世界上存在我们现在用的日历吗？答案很简单，没有。年历肯定没有，月的概念肯定也没有，日的概念可能会有，笔者估计也只有日的概念，因为那是由太阳和地球决定的，况且当时的人也不需要关心年和月。由此可以推论，人体内部系统是以日为单位的，而且只有“日”，是标准的日历。

人体内部系统日历肯定不是以我们当今社会定义的“日”为单位。我们采用人体内部系统日历这个说法，是想让大家有一个概念：自己身体内部有一个类似于日历的东西，它决定着我们的生命周期。

我们每个人都是一个独立的系统，每个系统都有自己的生物振荡器，每个生物振荡器的振荡频率大体上差不多，却有微小的差异，这个差异直接导致人体时钟时间的快慢，最后决定人体内部系统日历单位时间“日”的长短，这个长短是与现实社会的时间比较而言的。

孕妇的系统日历里第266天是最重要的一天，这天新生命诞生了，正式成了一个法律上承认的人，享有一个人应有的全部权利。

做一个推论：既然每个人的胚胎期都是一样的，那么每个人的理想生命长度也应该是一样的，每个人的人体内部系统日历也是一样的。用现实社会统一的时间标准来衡量，如果各人之间寿命不同，那么首要原因在于各自生物振荡器的振荡频率不同，其次是个体（家族、民族）进化后的遗传基因不同，然后是生活习惯的不同，最后是生活环境的不同。

人体内部时钟、人体内部系统日历、人的生命周期时间数据库决定人在各个时间段的生命状态。

四、数据库和DNA

数据库就是存放数据的仓库。数据可以是数字，也可以是文字、图形或图像。数据库按照数据的种类、结构来存储和管理数据，使数据可以共享，并尽可能减少数据冗余。在电子计算机领域，数据库就是一个电子化的文件柜，是存储电子文件的处所。在人体细胞里，数据库就是一个生物化的文件柜，存储生物数据的处所。

数据库是一个存储数据的实体，它必须通过数据库管理系统才能工作。数据库管理系统是操纵和管理数据库的软件，用于建立、维护和使用数据库。用户通过数据库管理系统来访问数据库，数据库管理员则通过数据库管理系统来维护数据库。

DNA是Deoxyribonucleic Acid的缩写，中文全称脱氧核糖核酸，又称去氧核糖核酸，是一种大分子。由四种脱氧核苷酸组成，分别是：腺嘌呤脱氧核苷酸（dAMP）、胸腺嘧啶脱氧核苷酸（dTMP）、胞嘧啶脱氧核苷酸（dCMP）和鸟嘌呤脱氧核苷酸（dGMP）。通常专业人士会简化一下，略去冗余部分，即有：腺嘌呤（A）、胸腺嘧啶（T）、胞嘧啶（C）和鸟嘌呤（G）。DNA是一种长链聚合物。大多数DNA含有两条长链，少数DNA为单链。DNA有环形DNA和链状DNA之分。

在人体细胞组织中，DNA是遗传信息存储介质的总称，其主要功能是永久信息数据的保存，其内容是制造细胞和其他化合物的指令和参数。这些指令和参数是由父母亲的DNA组合后形成的，所以称之为遗传信息。在生物医学中，将带有遗传信息的DNA片段称为基因。DNA用计算机的专业术语说就是一个数据库。

DNA是一个只读数据库，不能够被写入，从而也保证了它的数据不会被修改。它存有制造一个人的全部信息，以及控制一个人生命长度的全部信息，它还存有读取、执行DNA数据的管理系统，这个系统我们称它为生命管理系统。

我们研究人类管理自身生命的过程，就是要弄清楚DNA中到底存放了什么信息数据、它是如何控制生命进程的，而不能笼统地说："它存有制造一个人的全部信息，以及控制一个人生命长度的全部信息。"这是一段看起来正确，但完全没有用的话。由于受精卵将DNA复制给每一个用到它的细胞，以确保使用DNA信息数据时不会出现传输错误。但正因如此，细胞间的交流就不会传递DNA中的信息，人体的信息通道也不会有DNA的内容流动，再高级的仪器也测不出一个事件中DNA起什么作用，从而给研究DNA带来了极大的困难。说起来真是滑稽，人体有60万亿个细

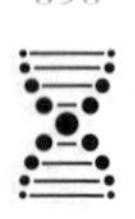

胞，大概有59万亿个细胞能读懂DNA，而由这60万亿细胞组成的人却读不懂DNA的内容。

我们先来大致推导一下DNA里都存储了些什么，然后再慢慢研究分析：

第一，一个人体结构数据库是要有的。它定义人的结构、属性、特征和组成，凭此区别于世界上其他的动物和植物。

第二，一个人体细胞数据库是要有的。人体内200多种细胞在数据库中都要有明确的定义和详细的说明。可以想象，这个数据库中只要缺一种细胞的数据，人恐怕就造不出来了。比如说缺肝细胞的数据，那肝就造不出来，继而也就没有人了。人体细胞数据库是人体项目数据库中的一部份，下面我们会详细讨论人体项目数据库。

第三，一个人体成长数据库是要有的。它是一个造人的计划数据库，规定在何时何地制造何种细胞，何时造出来各个系统、器官、组织，人的雏形何时形成，何时将这个人生出来，以及何时长牙，何时进入青春期，包括人何时不成长了，何时开始衰老，都由这个数据库确定。

第四，一个人体运行数据库是要有的。它是一个人正常生活、成长的参数数据库，决定人的体温、血压以及喜欢（不喜欢）什么味道等等，将来还要决定人的血液、胃酸、胆汁、肥胖等各种量化的指标，确保人生活在一个正常状态（平衡状态）。

第五，一个人的生命周期数据库是要有的。它规定人的生命长度，并将这个长度划分为各个时间段，以确保人不会长生不老、万古长青、与天地同岁。

第六，一个意外情况处理数据库是要有的。它提供人遇到非正常情况、受到伤害时的处理程序。比如说伤风、感冒生病时，人自身表现的发热、咳嗽、打喷嚏就是应对处理程序的一部分，体内增加白细胞和病毒抗体是应对处理程序的另一部分。通常，一般小病都是可以自愈的。

第七，一个人的生命管理系统是要有的。没有这个管理系统，上述数据库中的数据就是一个摆设，没什么用处。

DNA中的数据是固定不变的，而造人的过程千变万化，需要随时调整造人的进程，因此还有其他反映实际数据的数据库，即实时数据库，下面我们结合管理功能来慢慢介绍。

（一）DNA 中的数据库

1. 人体结构数据库

人体结构数据库无疑是DNA中最重要的数据库，没有它的存在，就没法造人了。皮之不存，毛将焉附？人体结构数据库也是DNA中最精准的数据库，一丝一毫误差都会导致人畸形或死亡。人体结构之复杂，超过世界上任何一种人造的东西：人造卫星，航天飞船，宇宙空间站，千万亿次电子计算机，智能机器人，等等。那些东西看起来很高级、很精密、很复杂，但和人体结构比起来，无论是看得到的，还是想得到的，都是小巫见大巫，差得远呢。这也难怪，迄今为止，人也没能把人身上的器官用人工的方法造一个出来，因为太难了，现在还做不到。

凡从事过产品制造，特别是整机制造的人都知道，一个产品在投入生产前，需要准备全套的图纸、设计、工艺文件，其中产品结构数据库是最基本的设计文档之一，它详细描述了该产品的组

成、结构：有多少零件，多少组件，多少部件；有哪些是自制件，哪些是外购件，哪些是标准件；自制件则附有一整套生产加工的工艺文件和检验标准，外购件和标准件则附有相应的检验标准。

产品结构数据通常是一个倒过来的树形结构，树根是产品名称，下一级是部件或组件或零件，逐级层层分解，一直分解到最基本的单元（零件）为止，每一个电阻电容、螺丝、垫圈都包含在内，非常严谨完整，这样生产出来的产品才能保质保量，才不会残缺不全。

（1）人体结构数据库概述

想造一个人出来，首先要确定的就是人体结构。人体结构虽然异常复杂，但人体全身由表及里的层次结构都是皮肤、浅筋膜、深筋膜、肌、骨和腔隙及腔隙内器官。人体结构存储在DNA中，其名称就应该叫“人体结构数据库”。人体结构数据库和产品结构数据库的目标是一致的，就是详细地描述一个人的组成、结构：人体内有多少子系统，多少器官，多少组织，多少细胞；每个系统由哪些器官、组织、细胞组成；每个器官由哪些组织、细胞组成；每个组织由哪些细胞组成；细胞的分类；等等。

人体结构数据库由两部分组成：第一部分描述人体内子系统、器官、组织、细胞的组成和种类，我们将其称为“项目数据库”；第二部分描述人体内子系统、器官、组织、细胞的分布、构架和联系，我们将其称为“结构数据库”。简单地说就是，第一部分说明人体内有哪些子系统、器官、组织、细胞，第二部分说明这些子系统、器官、组织、细胞是怎样组装起来的。

按现代医学分类，人体由骨骼、肌肉、皮肤、消化、呼吸、神经、内分泌、循环、免疫、泌尿和生殖十一大子系统组成。子系统由相应的器官、组织、细胞组成，器官由组织（人体有上皮组织、结缔组织、肌肉组织和神经组织）和细胞组成，组织由细胞和细胞间质构成，细胞由细胞膜、细胞核、细胞质三部分组成，还可以继续往下分解，但估计大部分读者就不想看了，本书也没有必要列那么细。

软件系统是人体结构的重要组成部分。参照电子计算机的运行我们可以看到，电子计算机没有软件就是一堆废物，而加上相应的软件后，电子计算机就可以做相应的事情，发挥出无穷无尽的创造力。人与其比照是多么相似，当给某人注入相应的知识（软件）后，他就会成为相应的专家、学者、教授，在相应的领域做出贡献。

生命管理系统是人体最重要的软件系统之一。生命管理系统看不见，摸不着，属于电脑软件一类的东西，但它却管理着人的生命运行和终止。生命管理系统从启用开始，一直监控、管理着人体这个系统的运行，直到人生命的终止。

中国传统医学中“人体的经络系统”“人体的气血系统”，笔者认为也可以加入到人体结构数据库里。其他国家医学对人体结构系统的研究笔者没有看到，读者若对人体结构有新的看法，也可以加上去。

（2）人体结构数据库的结构

数据库有很多种结构，当今世界上计算机系统经常用的数据库有DB2、Oracle、Informix、Sybase、SQLServer、Access、SQLite、FoxPro数据库等等，但从中想找一个现成的数据库模型来描述人体结构数据库却很难，其原因在于人体的结构数据很特殊，现有的数据库结构太简单，存储不了人体结构数据。换句话说，用现有的数据库来描述人体结构，那就太复杂了。

人体的结构数据特殊在哪呢？

首先，人体各部分都是立体的，其轮廓是不规则的曲线，内部结构如骨骼、肌肉、血管也都是不规则的形状，在数据库中难以用数字、公式准确描述。

其次，在人的一生中，人体结构各部分大小、强弱是会变的。例如刚出生时，骨骼小、脆弱，青壮年时，骨骼长大并结实，老年时，骨骼又会缩小并脆弱。笔者没有见过一个产品结构数据库能这样定义一个产品的数据结构。

最后，人体结构各部分是相互关联的。通常情况下，个子高的人腿长、脚大、膀子长、手大、肩膀宽、头大，其心、肝、肺、肾、脾等都比个子矮的人大，但又不是等比例放大。这要求人体结构数据库具有平衡参数和极限参数，确保人正常生长。

（3）用树形结构图来描述人体结构

通常我们设计、定义一个产品结构数据库，往往采用树形结构。树是一种分层数据的抽象模型，树形结构指的是数据元素之间存在着“一对多”树形关系的数据结构，是一类重要的非线性数据结构。在树形结构中，树根节点没有前驱节点，其余每个节点有且只有一个前驱结点。叶子节点没有后续节点，其余每个节点的后续节点可以是一个，也可以是多个。树形结构可以表示层次关系，也可以表示从属关系和并列关系。

在实际运用中，树形结构往往都是倒置的，最上面是树根，树枝树叶向下延伸。树根是产品名称，下一级是部件，再下一级是组件，再下一级是零件。下级对上级是从属关系，同级之间是并列关系。

根据现代医学的概念，用树形结构描述人体结构非常合适，人是树根节点，它上面没有前驱节点，父母不是，因为父母的DNA和子女的不一样。树根叫什么名字不重要，这个DNA就造这一个人，全世界、全人类只此一个。细胞肯定是树叶节点，细胞是组成人的基本元素单位。

人的硬件由十一大系统组成，树根的下一级就是这十一大系统：骨骼系统、肌肉系统、皮肤系统、神经系统、内分泌系统、循环系统、免疫系统、呼吸系统、消化系统、泌尿系统和生殖系统。人与系统由树枝连接，表示从属关系。

树形结构的数据库设计是非常简单的。

一个数据库记录中会有下列数据项：

1. 结点名称：数据库的索引键，程序靠这个名字在数据库里找到这条记录。

2. 前驱结点名称：这个结点的上级结点名称，说明它是从属于哪一个结点的下级结点；如这个数据内容是空的话，说明这个结点是树根结点。

3. 树叶结点标志：说明这个结点是否是树叶结点，如它被设为“Y”时，说明它是树叶结点，没有后续结点。程序在进行“遍历搜索”时，就不用再向下搜索。

4. 下级结点序号：说明是第几个下级结点。

5. 下级结点名称：是下级结点的名称及索引键。

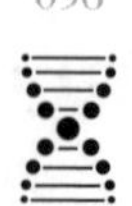

6. 数量：定义该物品的数量。

根据数据库的服务对象不同，还可以增加各种需要的数据项，但上面这6种数据项应该是必有的。

有了数据库的定义，我们来看看人体结构数据库中前15个记录的内容（如表4—1）：

表4—1 人体结构数据库树根节点数据记录表

序号	结点名称	下级结点序号	下级结点名称	前驱结点名称	树叶结点标志	数量
1	人				N	1
2	人	1	骨骼系统		N	1
3	人	2	肌肉系统		N	1
4	人	3	皮肤系统		N	1
5	人	4	神经系统		N	1
6	人	5	内分泌系统		N	1
7	人	6	循环系统		N	1
8	人	7	免疫系统		N	1
9	人	8	呼吸系统		N	1
10	人	9	消化系统		N	1
11	人	10	泌尿系统		N	1
12	人	11	生殖系统		N	1
13	人	12	生命管理系统		N	1
14	人	13	经络系统		N	1
15	人	14	气血系统		N	1

结点名称是“人”；用“人”读取记录就是第一行，前驱结点名称空白，说明人是树根结点；树叶结点标志是“N”，说明它

不是树叶结点，还有下级结点；下级结点序号是一个顺序号，可以顺序读取下级结点的内容，也可以指定顺序号读取下级结点的内容；下级结点名称是下级结点的索引键，用它读取下级结点的数据记录。

表4—1中的数据记录说明了“人”是树根结点，树根结点下面有14个下级结点（后续结点），人是由这14个系统组成的。这里把人的“生命管理系统”加进去了，没有生命管理系统，人作为一个整体是不完整的。同时也把中国传统医学中“人体的经络系统”“人体的气血系统”加进去，组成一个完整的系统。

系统的下一级是器官和组织，以“骨骼系统”为例来继续描述人体结构数据库。人体有206块骨，我们取其前11个数据记录列表说明（如表4—2），然后再取其前11个数据记录列表说明（如表4—3），看明白以后，也就理解了数据库构建的“树形结构”数学模型。

表4—2 人体骨骼系统数据库（部分一）

序号	结点名称	下级结点序号	下级结点名称	前驱结点名称	树叶结点标志	数量
1	骨骼系统			人	N	1
2	骨骼系统	1	颅骨		N	1
3	骨骼系统	2	胸骨		Y	1
4	骨骼系统	3	锁骨		Y	2
5	骨骼系统	4	肋骨		N	1

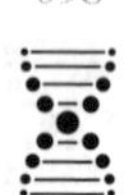

续表

序号	结点名称	下级结点序号	下级结点名称	前驱结点名称	树叶结点标志	数量
6	骨骼系统	5	肩胛骨		Y	2
7	骨骼系统	6	肱骨		Y	2
8	骨骼系统	7	尺骨		Y	2
9	骨骼系统	8	脊柱		N	1
10	骨骼系统	9	骶骨		Y	1
11	骨骼系统	10	髋骨		Y	2

结点名称是“骨骼系统”；用“骨骼系统”读取记录就是第一行，前驱结点名称“人”，说明“骨骼系统”从属于“人”这个结点；树叶结点标志是“N”，说明它不是树叶结点，还有下级结点。用结点名称“骨骼系统”+下级结点序号“1”可以读取它第一个下级结点“颅骨”的名称，下级结点名称是下级结点的索引键，用它读取下一级结点的数据记录。

表4—3　人体骨骼系统数据库（部分二）

序号	结点名称	下级结点序号	下级结点名称	前驱结点名称	树叶结点标志	数量
1	颅骨			骨骼系统	N	1
2	颅骨	1	顶骨		Y	2
3	颅骨	2	枕骨		Y	1

续表

序号	结点名称	下级结点序号	下级结点名称	前驱结点名称	树叶结点标志	数量
4	颅骨	3	额骨		Y	1
5	颅骨	4	颞骨		Y	2
6	颅骨	5	颧骨		Y	2
7	颅骨	6	蝶骨		Y	1
8	颅骨	7	泪骨		Y	2
9	颅骨	8	鼻骨		Y	2
10	颅骨	9	上颌骨		Y	2
11	颅骨	10	下颌骨		Y	1

结点名称是“颅骨”；用“颅骨”读取记录就是第一行，前驱结点名称“骨骼系统”，说明“颅骨”从属于“骨骼系统”这个结点；树叶结点标志是“N”，说明它不是树叶结点，还有下级结点。用结点名称“颅骨”+下级结点序号“1”可以读取它第一个下级结点“顶骨”的名称，“顶骨”的树叶结点标志是“Y”，说明它是树叶结点，没有后续结点了。

当“骨骼系统”数据记录完成后，其下级结点中，树叶结点标志是“Y”的数据项应该有206个，表明人的骨骼系统是由206块骨组成的。但也有特例，比如有人会多两根肋骨，有人会少两根肋骨，但总体人是有206块骨的。

若编写一个遍历搜索程序从“骨骼系统”结点向下搜索，可以轻松地搜出206块骨的数据记录。

照此处理，也可以建立其他子系统的树形结构数据库，只不过更复杂一点而已。

在大系统框架下，“骨骼系统”是一个相对简单的系统，系统由206块骨组成。骨是一种结缔组织，每块骨的形态虽然不同，但结构都差不多，是相对简单的器官。“肌肉系统”也是这样，“肌肉系统”由639块肌肉组成。肌肉由肌纤维和纤维结缔组织构成，形态不一，每块肌肉都是一个器官，也是一种相对简单的器官。其实每一个器官都是一个系统，通常还不能说它是一个小系统，至少超过我们见过的大多数系统。

其他系统复杂得多，比如说把大脑包含在内的神经系统，那就不是三言两语能说得清楚的。但若把器官单列的话，我们还可以构成单独的“神经系统”、单独的“血管系统”、单独的“淋巴系统”等等，这些系统将和“骨骼系统”“肌肉系统”一样简单易懂。把各个单独的系统镶嵌在一起，然后在相应的位置装上器官，人就组装起来了。

2．人体项目数据库

我们把人体中的各个器官、组织、细胞都看作一个项目，它们在树形结构的人体结构数据库中就是一个结点。建立起人体结构数据库后，按照树形结构使用的需求，应对树形结构中的每一个结点进行定义和说明，这个定义和说明的数据库就是人体项目数据库。

人体结构数据库中的器官、组织、细胞在人体项目数据库中都可以找到相对应的说明，人体项目数据库是人体结构数据库的支持数据库。

人体结构数据库中的每一个器官、每一种组织、每一种细胞在人体项目数据库中都只定义一次，因此大大减少了人体结构数据库中大量相同项目的说明、定义的冗余。

人体项目数据库中的数据记录存储人体项目的编码、名称、类别、属性、用途、材料、数量等等。由于人体中的器官、组织、细胞都是自制件，因此每一个项目都有严格的定义与说明。若某项目的类别是“细胞”，则记录中会有怎样制造细胞的链接；若某项目的类别是“器官”，则记录中会有怎样组合装配的链接。同时读取人体项目数据库中的数据记录和人体结构数据库中的数据记录，就可以得到制造一个人的立体数据模型。

全世界的人体结构绝大部分都差不多，即使听说有人心脏长在右侧，但在人体结构数据库中，心脏仍然只有一个，因此健康人的人体结构数据库是一样的（男女有别）。但具体到每个人的“人体项目数据库”就不同了，世界上的人千变万化，差别都在“人体项目数据库”中。诸如皮肤颜色的不同，就是皮肤细胞颜色定义得有点不同；头发颜色和形态不同，就是头发细胞和结缔组织定义得有点不同。牙买加黑人跑得快，亚洲人怎么训练也难以超越他们，那是肌肉组织细胞定义得有点不同，也就是所谓的基因不同。

总之，人和人之间的差别，都来源于人体项目数据库中项目定义的不同。造人的数据存放在里面，各种遗传病的定义（基因）在里面，各种病毒、细菌也在里面，只不过读取病毒、细菌数据是为了杀死它，而不是制造它。

人体项目数据库中的数据长度是可变的，而且差别非常大，

这也可以理解，定义一个细胞和定义一个器官就不是一个数量级的事情。

3．人体成长数据库

人体成长数据库是一个造人计划数据库，这是一个标准的、长期的、决定人一生成长的计划数据库。它向生命管理系统提供参数，规定在何时何地制造何种细胞，何时造出来各个子系统、器官、组织，何时将这个人生出来，以及何时长牙，何时进入青春期，包括人何时不再长高了，何时开始衰老，都由这个数据库确定。

由于人体成长过程中存在着非常多的不确定因素，会对人体成长造成各种影响，导致人体并不会按计划成长（制造），因此这个数据库既是标准数据库，又是参考数据库。只是这个数据库的优先级最高，生命管理系统最先执行它的指令。比如说人体成长数据库停止提供人体长高的指令，人体就不会再长高了，即使这个人并没有长到遗传基因给定的高度。

人体成长数据库是一个只读数据库，其中的数据是不能够被更改的，因此这个数据库决定了人生的各个阶段以及人的最长寿命，代表着所谓的自然界规律。

人体成长数据库是以人体内部系统日历作为检索键的数据库。因为系统日历不可逆，因此人体成长只能向前，从婴儿、少年、青年、中年到老年，这个过程是不可逆的，返老还童只存在于童话里，现实中是完全不可能的。

4．人体运行数据库

人体运行数据库是一个人正常生活、成长的参数数据库，决定人的体温、血压以及喜欢（不喜欢）什么味道等等，将来还要决定人的血液、胃酸、胆汁、肥胖等各种量化的指标，确保人生活在一个正常状态（平衡状态）。

5. 生命周期数据库

生命周期数据库是存储细胞生命周期的数据库。每一种细胞都有相应的生命周期数据定义，但各种细胞生命周期长度不一样。同一种细胞的生命周期长度相同，它的生命周期被时间段划分为很多级，10级？100级？1000级？现在好像没有人知道，反正笔者不知道。时间段的长短也会不同，但有一点明确，同一种、同一级的细胞是基本相同的细胞。

生命周期数据库的索引键是“细胞名称+时间数据段”。当干细胞用细胞名称加上人的生长时间读取生命周期数据库时，读到的就是那时应该制造何种（那一级）细胞的数据。以制造皮肤细胞为例：制造皮肤细胞的干细胞在婴儿出生34天（人体成长300天）时读到的数据是皮肤细胞生命周期10级，属于成长初级阶段的皮肤数据，于是就制造出白嫩、细腻的皮肤（中国人），这就是我们看到的婴儿皮肤；到了老年时期，人体生长30000天，干细胞读到的数据是皮肤细胞生命周期1000级，属于皮肤衰老阶段的数据，于是就制造出皱巴巴的皮肤，这就是我们看到的老年人皮肤。以此类推，人从婴儿慢慢长大、变老，每一种细胞也在慢慢地老化（新造出来的就是老化了的细胞）。这是一个不可逆的过程，关键在于生命周期数据库里生命周期级数慢慢在升高，造出来的细胞也就慢慢老化了。

6. 人体意外情况处理数据库

人体意外情况处理数据库是人体遇到非正常情况、受到伤害

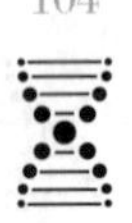

时的处理程序及参数数据。比如说伤风、感冒生病时，人体自身表现的发热、咳嗽、打喷嚏就是应对处理程序的一部分，体内增加白细胞和病毒抗体是应对处理程序的另一部分。通常，人体一般的疾病都可以自愈，就是因为人体意外情况处理数据库已经存有大多数疾病的处理程序和方法，这也是大家通常说的免疫系统在起作用。

人体处理意外情况的反应速度有快有慢。比如说皮肤、牙龈少量出血，人体很快就能自己止住，破损处很快就能自己长好，估计是这类情况经常发生，优先级高，系统略加判断，立即处理，结果好得就快。如遇到病毒入侵、细菌捣乱或细胞乱长，系统需要首先获得情报，检查来的是何方神圣，然后去人体意外情况处理数据库找出处理方法，组织相应的细胞生产，同时制造相应的战斗环境：体温增加，降低其他器官机能，使人体显得疲乏无力，处于休息状态，集中力量去对付外来的病毒或细菌或细胞，最后使人体恢复正常。这个处理过程就会长很多，因为前面有许多检查、判断的事要做，后面有大量的细胞要生产，都会消耗掉许多时间，外部感觉就是由人体自己治好疾病的时间往往很长。

其实难办的事是遇到人体意外情况处理数据库没有对应情况的处理记录，人体系统要自己想办法处理历史上没见过的意外情况，这样又增加了试的过程，治病恢复健康的时间就更长了。

更难办的事是遇到人体意外情况处理数据库没有对应情况的处理记录，人体系统自己也想不出办法来处理这些病毒、细菌或细胞，只能借助现代医学的药物、器械、手术等外部力量去处理。这样既增加了试的过程，又增加了各种医疗风险。当然，只要能治好病、恢复人体健康，时间问题就是次要的考量因素。

最难办的事是遇到人体意外情况处理数据库没有对应情况的处理记录，人体系统自己也想不出办法来消除这些病毒、细菌或细胞，借助现代医学的药物、器械、手术等外部力量也处理不好。那人体只能听天由命了。

人体意外情况处理数据库是DNA众多数据库中的一个，是父母遗传信息的一部分，换句话说是父母在告诉子女很多病怎么处理。我们感兴趣的是为什么许多病父母都已经得过，经过艰苦努力将它治好，并产生了免疫力，按进化理论这些免疫力应该遗传给自己的后代，但结果并不如愿，子女对这些病一点免疫力都没有。最典型的例子是婴儿从出生时到此后数年，必须接种10多种疫苗，其中有卡介苗、乙肝疫苗、脊髓灰质炎疫苗、百白破疫苗、A群流脑疫苗、麻腮风疫苗、乙脑灭活疫苗、甲肝灭活疫苗、A + C群流脑疫苗等等。健康的父母可能都打过疫苗甚至得过那种病，并产生了免疫力，但他们的免疫力全部不能遗传，他们的后代必须重新接种相同的疫苗，以获取与其父母同样的免疫力。这个例子说明人体后天的免疫力不能遗传，即人体意外情况处理数据库在遗传过程中并没有得到修改，更进一步说是人体在生长过程中获取的免疫力不能够修改DNA，从而不能够影响进化。

上面讲的人体结构数据库、人体项目数据库、人体成长数据库、人体运行数据库、生命周期数据库和人体意外情况处理数据库都是DNA中存储的数据库，其特点就是数据内容不能够被修改，对的要照着做，不对的也要照着做，因此才有遗传病，才有

生命周期限定。下面研究一下人体在生长过程中需要的数据库，这些数据库的特点就是数据会发生变化。

（二）人体系统运行产生的数据库

1. 人体细胞属性数据库

人体需要有几百种、几十万亿个细胞共同工作，这些细胞分工精细，位置确定，职责明确。基于每一个细胞都是活的，都在执行人体生命管理系统交给它的任务，那么细胞管理就是必不可少的。现在全世界有70多亿人，但这个数量只是一个人体内细胞数量的万分之一，全球现在被管理得乱七八糟，局部战争、各种内战还有新冠病毒，天天无宁静之日，究其原因，就是人没管理好。一个人体内细胞数量可能是地球总人数的1万倍甚至更多，如果细胞管不好，人体内也会发生各种战争，其结果不堪设想。

一个细胞要被管理好，它身上必定带有相关的管理信息。就像人的管理一样，国家要想管理好这个人，首先必须知道他，给他确定一个身份代码（中国人就是身份证号码），然后建立一个户籍档案（知道他在哪里）；其次跟踪他的学习、工作轨迹，知道他能干什么；最后，当国家需要他做贡献的时候，知道在哪里能够找到他。其中的三要素：他是谁？他在哪里？他能干什么？对细胞也一样，人的生命管理系统必须知道人体内有多少细胞，它们都在哪里，它们都能干什么！因此，生命管理系统必须有一个细胞属性数据库，存储并掌控系统内细胞数量及各个细胞的属性；而每一个细胞也都会有一个自己属性的数据段，表明自己是谁、有什么能力，就像每个人都有自己的身份证、学位证、毕业证、职称证书一样。

人体细胞和人不一样，因为普通人很自由：想吃什么就吃什么，想去哪就去哪，想干什么就干什么。而细胞就不行，位置基本确定，工作基本确定，给什么吃什么。因此，人体细胞应该非常类似于军人：编号确定，位置确定，任务确定，功能确定，职位确定，上级确定，一切服从命令听指挥。从而我们可以看出，当明确细胞属性数据后，它才成为人体组织（系统）中的一员，为人的生命延续服务。

人体细胞属性数据库是生命管理系统最常用的数据库，每生产制造一个新细胞，人体细胞属性数据库就会被更新。另一方面，每一个细胞死去，人体细胞属性数据库也会被更新。

如上所说，受精卵在制造出第一个细胞时，就会给该细胞编一个号，将该细胞的职位、任务、功能、位置都明确并写入属性数据中，该细胞的上级无疑就是受精卵。笔者认为这个属性数据是随着DNA数据一起输入给新细胞的，而且DNA是可以解释说明这个数据的，即这个细胞的权利、义务、责任是由DNA决定而不是由受精卵决定。当然，在人体中，第一个被制造出来的细胞肯定级别很高，是全能干细胞，它什么细胞都能造，是受精卵细胞之下，万亿细胞之上的领导细胞。

其他新制造出来的细胞也照此处理，在制作其DNA数据的同时，把属性数据也一起写入，明确该细胞的职位、任务、功能、位置以及听命于谁，其组织之严密，恐怕任何一个人或机构都难以做到。

2. 生命成长数据库

先问一个问题：每个人都对自己的各个组成部分了解吗？

从大脑开始，眼、耳、鼻、喉和口腔，心、肝、脾、肺、肾，皮肤、骨骼、肌肉，神经、血管、大肠，以及血液、淋巴等等，99.99%的人应该是不知道，或几乎不知道。即使是医生也不知道，医生得了病找别的医生来治，“医不自医”，实际上是自己不知道自己的情况！

我们这里说的对自己不了解，是指大脑对自己的身体不了解，但身体中一定有了解的地方，那就是生命管理系统。

生命管理系统不仅了解身体的各个组成部分，而且要精准地控制它们，使它们协调、准确地运转，共同支撑人体生命的正常成长。

生命管理系统要控制、管理身体的各个器官，首先必须了解身体各个组成部分的实时状况，因此，建立、维护、实时更新一个生命成长数据库是必需的。

生命成长数据库记录着制造人的生命的全过程，每一个系统、每一个器官、每一个组织、每一个细胞都记录在案。当前时刻，就是人体各个器官当前状态的记录，是生命管理系统实时控制、管理、决策的依据。

在生命管理系统中，生命成长数据库本质上是一个库存数据库，反映人体细胞、组织、器官和系统的实时状况。由此我们可以知道，生命成长数据库是伴随着人一生而存在的，刚开始时数据量为零，随着人的成长，数据量不断增加，到人的成长期结束时，数据量到达阶段性的顶峰，以后随着人体状态的变化，数据量会做相应的调整，直到生命的结束。

生命成长数据库的数据集合，构成了一个人体的数学模型，而且是立体的、多维变量的，完全反映人体各系统、器官、组织、细胞那一刻的状况。因此它也是生命管理系统的管理对象，如果有偏差，就要进行相应的调整，使人沿着既定的生命旅程前进。

学过控制系统的人都知道，想要把控制对象控制在理想的范围内，光有实时数据是不够的，还必须有标准数据做基础，二者比较才能算出偏差，继而控制方向和调整力度。因此生命成长数据库不是一个单独的实时数据库，而是一组相关的数据库，下面我们来慢慢研究这些数据库。

第一是生命成长标准数据库，它给出人体生命各个阶段应该是什么样子的标准数据，其数据来源就是DNA中的人体成长数据库，很容易理解；

第二是生命成长实时数据库，大体上就是前面讲的生命成长数据库，它给出人体系统、器官、组织、细胞的实际状况，俗话说就是这人现在长成啥样了，我估计能看这本书的人，都能理解这个数据库；

第三是生命成长平衡数据库。人体成长是数以万亿计干细胞辛勤努力工作的结果，但他们不是在蛮干，而是有计划、有组织、有步骤地按给定指令制造细胞，其目标是均衡地将人体制造出来。为了确保人体所有器官能够等比例制造，生命管理系统将根据生命成长标准数据库和生命成长实时数据库的内容算出人体系统的平衡状态写入生命成长平衡数据库；

第四个是生命成长环境数据库，对于生命成长而言，有生长环境生命才能成长，环境好，那就长得好点；环境差，那就长

得差点；环境再差，那就不长了。我们看看大自然给人类生命安排的成长环境：人生命的成型期（胚胎期）是在母亲肚子里、子宫包裹着长大的，那里恒温、恒湿，没有外来侵略、甚至连个小虫子咬一下都没有，营养通过输入输出管道源源不断送进来，那是最好的生长环境。人出生后，生命的成长期是在父母、家族、社会的呵护下长大的，管吃、管穿、管住、还管教育，力争培养成对家族、人类社会有用的人。人生命的维持期就要靠自己了，理论上讲应该是自己养活自己，同时对上赡养老人，对下抚养子女。但不管是在哪一个阶段，环境对生命成长、维持都至关重要，直接决定生命成长的质量。举例来说，胚胎期母亲血液中的营养最重要，直接决定胎儿的成长发育，新生儿身高、体重、健康的差异就是母亲体内环境造成的。母亲体内环境正常，提供的营养充分，新生儿就正常，反之则可能什么情况都有。同理，人的成长期和维持期也一样，环境起着十分重要的作用；

第五个是生命成长标准调整数据库，它给出现阶段人体生命应该是什么样子的标准数据。这个数据库非常重要，我会把它称之为“生命与时俱进数据库”，对于男人而言，它就是“进化数据库”。

（1）生命成长标准数据库

谈到标准，产品设计工程师就会想到国际标准、国家标准、行业标准、企业标准等等。造人有标准吗？一定有的！全世界所有人（病人、残疾人除外）的结构其实都差不多，一个脑袋，两只眼睛，两只耳朵，一个鼻子，一张嘴，两只手十个手指头，两只脚十个脚指头，看不见的肌肉、骨头、心肝脾肺肾等等，不分地区、民族、肤色，从外形到内脏，人的基本性质是一样的。大量猎奇探险的爱好者总想在深山老林或孤岛上找到与现代人不同的野人同类，可惜结果让他们失望了，没找到。实践是检验真理的标准，以现代科学技术发展水平，没找到就是没有。它直接证明了人的生长是有标准的，而且是国际标准。这个标准是谁定的？肯定不是国际标准化组织ISO，进化论似乎也谈不上，全世界通用的人体结构标准，进化是得不来的。因此有一种说法：地球上的物种（包括人、动物、植物）是外星生物推送来的。换句话说，是外星生物觉得地球环境适合人类和万物生长，送点生物产品来实验一下，这是另外一个话题，这里我们只讨论现在的人类。造物者将人的生命成长标准通过DNA的形式注入人的细胞核中，仅允许人在进化过程中修改某些次要参数，形成人的多样性，但核心参数不能变，从而保证即使经过成千上万年的生存进化，人的基本性质几乎不变，笔者想其功劳就应归于生命成长标准数据库。

标准数据，顾名思义就是我们要参照它去做，而它是不会变的。人的生命成长标准数据库存放在DNA中，且随着DNA代代遗传。基于DNA几乎不变的特性，可以看出造物者对控制人的生命成长标准是多么严格。全世界母亲的标准妊娠期为266天亦是明证。

生命成长标准数据库比对产品制造企业而言就是生产计划数据库，规定在何时、何地制造什么样的零件、组件、部件、成品，是安排品种、数量、质量和生产进度的依据。

人的制造既简单又复杂，说它简单，是因为它时时刻刻都

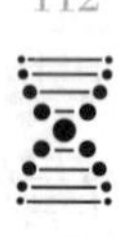

在造细胞，只是种类不同而已，充其量也只有几百种，但数量庞大。说它复杂，是因为它时时刻刻都在装配，同一时刻要把几百种、数亿细胞安放在适当的位置上并赋予某种功能，其复杂性不容小觑。即使是当今世界上最复杂的工程系统也无法与之比拟。

生命成长标准数据库是一个人的“天命”，它详细、强行规定了人的制造阶段、成长阶段、维持阶段、衰老阶段的时间区间，规划了人的生命周期。人类为了某些需要努力开发出各种“早熟”“延缓衰老”的产品，但除了负面作用外，还真没看到什么成功的范例，“天命”不可违啊！

综上所述，生命成长标准数据库就是造人计划数据库，它详细规定了何时、何地造什么细胞。它是一个以时间为索引参数的人体制造计划数据库，时间值由人体内的时钟提供。随着时间值的增加，人从受精卵开始，人体成形（胚胎）到婴儿、幼儿、少年、青年、中年、老年，从无到有，从小到大，最后完成一个生命体的全过程，这个过程是不可逆的。

（2）生命成长实时数据库

人体生命管理系统控制着细胞的均衡生产。生命管理系统在每次安排生产细胞任务前，必须知道过去指令的执行情况，即各子系统需要随时把实际状况反馈给生命管理系统。生命管理系统根据实时数据与标准数据的比对，找出偏差，决定下一步生产指令的内容。这个反馈信息（实时状况）就存放在生命成长实时数据库里。

基于生命管理系统要比对生命成长的实时数据和标准数据，生命成长实时数据库和生命成长标准数据库的结构几乎是一样的，数据名称和数据项长度也完全相同。

生命成长实时数据库描述的是此时此刻这个人体的实际情况，相当于生产进度报告，生命管理系统据此安排下一步的细胞生产计划。

（3）生命成长平衡数据库

受精卵在完成了精子和卵子的DNA融合后，即开始规模宏大的细胞制造工程。千里之行，始于足下，受精卵开始造第一个干细胞。根据计划安排，受精卵初期自身存储有一定的原材料，可以制造出相当数量的干细胞。但制造出一定数量的干细胞后，受精卵必须从外界获取能量和原材料，造人工程才能得以继续下去。

受精卵带领一群干细胞在母亲子宫里安顿下来，建立了营养（原材料）输入输出通道后，现实问题立刻接踵而至：首先，从母亲那里获得的原材料先给谁？这里有一个优先级的问题，先造哪一部分，后造哪一部分。其次，这个优先级什么时候改变？有饭大家一起吃，必须均衡才行，否则造出来的人就会畸形。比如说人的心脏最重要，但不能把营养物质都给造心脏的干细胞，光造一个心脏是没有用的。最后，全世界没有两个母亲的血液是完全一样的，经过子宫的营养输入输出过滤系统后，胎儿获得的血液营养物质就更不一样了，合理分配这些来之不易的营养物质，对于造人而言至关重要，生命成长平衡数据库应运而生。

全身各系统、器官均衡成长（制造），说起来容易，做起来难。举个实例来看：一个正常人的两只脚大小是一样的，实质上表面的一样是由内部无数的一样组成，骨头大小数量一样、肌肉大小

数量一样、经络血管一样等等，最后统计一下，细胞总数是基本一样的。基于所有细胞都是干细胞制造出来的事实，制造左脚骨头的干细胞和制造右脚骨头的干细胞应是相距最远的同类型干细胞了，它们怎么知道把两边骨头制造得大小、形状一样呢？毫无疑问，取决于生命管理系统发出的同步信号！生命管理系统的同步信号则来源于生命成长平衡数据库。大家都知道，两只脚的大小还和这个人的身高相适应，这说明它们不仅相互平衡，还与全身各个器官平衡，即全身、全系统都是平衡的。生命成长平衡数据库描述的是受精卵制造的这个人此时此刻的数字模型。

生命成长标准数据库是娘胎里带来的、父母亲给的、数据固化的只读数据库；生命成长实时数据库是人体各个子系统反馈回来的、数据随时都在变的实时数据库；那生命成长平衡数据库呢？毫无疑问，它是生命管理系统算出来的数据库！生命管理系统根据人体结构数据库和生命成长实时数据库的内容算出人体的不平衡状态，然后决定下一步的制造计划，使人体均衡向前发展。

（4）生命成长环境数据库

对于生命成长而言，生长环境至关重要。环境好，那就长得好点；环境差，那就长得差点；环境再差，那就不长了。以新生儿体重为例，一位母亲生了10个孩子，虽然来自父母的遗传基因相同，但每个新生儿的体重都会有差别，这是因为该母亲怀每个孩子时的情况会不同：吃的不同、气候不同、年龄不同，从而导致消化不同、血液中的营养成分不同，对于胎儿而言，胚胎期母亲血液中的营养最重要，同理，在人的成长期和维持期，外部环境起着十分重要的作用。

我们这里探讨的生命成长环境数据库指的是人体内部生命成长环境的参数控制数据库。它的原始数据来自DNA中的人体运行数据库，确定最初的人体生命成长环境，例如正常体温、正常血压、血液数量、血液成分、血液浓度等等。随着人体生命的成长和外界环境的变化，各种原定的参数会发生微小的变化，如成年人的体温会降低一点，老年人的血压会上升、血液成分会变动等更是人尽皆知的常识。

当人体器官受伤（受损）影响人体生命正常成长时，人的生命管理系统会调整生命成长环境的设置，以利于维护人体的正常功能。最典型的是血压调整，当人体某处小血管堵塞后，血液供给不足，缺乏营养，生命管理系统就会提高血压，加大血液供应。若血管堵塞情况一直存在，生命管理系统就不仅仅是在当时提高血压，而且会调整生命成长环境数据库中的参数，使血压一直保持在高位，于是就形成了常态下的高血压，久而久之就成了原发性高血压。

其他如高血脂、高血糖也是这种情况，先是人体临时需要，当经常需要后，生命管理系统就以为是常态化需要，于是就调整生命成长环境数据库中相应的参数，结果就真的常态化了。

（5）生命成长标准调整数据库

人的生命成长标准是由父母遗传基因确定的，是一个理想的成长过程，但人的一生受外界环境影响巨大，包括自然环境、社会环境和家庭环境，可以说没有一个人是严格按照遗传标准来成长的。例如现在生活条件好了，摄入营养大大超出身体成长的需

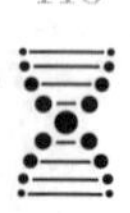

求，从而导致这个人胖起来了，生命管理系统一开始控制着让他回归生命成长标准数据库规定的形态，但他继续大吃大喝，保持着肥胖，形势比人强，生命管理系统只能修改生命成长标准数据库的数据，把肥胖定为正常数据，以后就以这个人肥胖为常态，所以很多人肥胖以后就很难瘦回去。生命管理系统修改的就是生命成长标准调整数据库。

生命成长标准调整数据库是随着人体成长而发生调整的，它应介于生命成长标准数据库与生命成长实时数据库之间，生命管理系统阶段性地调整生命成长标准调整数据库的内容，使之与人体的实际状态保持一致，从而使根据生命成长标准调整数据库的数据控制人体的成长成为可能。特别是在人体成长期结束、进入维持期以后，生命管理系统更多的是依据生命成长标准调整数据库中的数据，而不是生命成长标准数据库中的数据来控制人体的生长。这也解释了许多父母并不胖，但子女很胖的原因，是在他们子女胖的时候，生命管理系统抓取当时的数据设为常态标准了。

生命成长标准调整数据库中的数据随着人体成长而调整，因此它是“生命与时俱进数据库”，对于男人而言，它就是“生命进化数据库”。男人处于生育期时，制造精子的周期是90天左右，在制造精子时，要复制本身的DNA到精子的细胞核中。当男人在成长过程中发生了较大的变化时，生命管理系统就会修改生命成长标准调整数据库的数据，进而将这些数据写入新的DNA中，更进一步可能会导致下一代人体进化的可能。

这一段我们探讨了与生命成长控制相关的五个数据库：生命

成长标准数据库、生命成长实时数据库、生命成长平衡数据库、生命成长环境数据库和生命成长标准调整数据库。其中生命成长标准数据库、生命成长实时数据库、生命成长平衡数据库和生命成长标准调整数据库的结构都是一样的，只是数据内容不同：生命成长标准数据库的数据来源于DNA，是固定的、不可修改的数据；生命成长实时数据库的数据来源于人体当时监测到的数据，随时间而变化；生命成长平衡数据库的数据是生命管理系统比较计算出来的，用于发现人体成长的不平衡，进而控制人体的平衡成长；生命成长标准调整数据库的数据也是生命管理系统计算出来的，其目的在于设定一个反映人体现实状况的数据库，用于控制人体的正常成长。

3. 人体意外情况处理补充数据库

人体意外情况处理数据库是存储在DNA中、父母遗传下来的、人体遇到非正常情况受到伤害时的处理程序及参数数据。通常，人体一般的疾病都可以自愈，就是因为人体意外情况处理数据库已经存有大多数疾病的处理程序和方法，这也是大家通常说的免疫系统在起作用。

然而自然界千变万化，不仅老病毒会变异，而且还会产生新的病毒，DNA中的人体意外情况处理数据库数据根本不够用，因此人体意外情况处理数据库必须时时更新、与时俱进。婴儿出生后逐步接种卡介苗、乙肝疫苗、脊髓灰质炎疫苗、百白破疫苗、A群流脑疫苗、麻腮风疫苗、乙脑灭活疫苗、甲肝灭活疫苗、A＋C群流脑疫苗等等，就是在扩充人体意外情况处理数据库，使之能对付相应的病毒。我们将扩充数据后的数据库称为人体意外情况

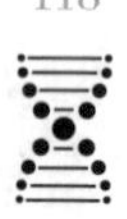

处理补充数据库。这个数据库是可读可写的实时数据库，各种经验表明，这个数据库不参加修改DNA，从而不能够影响遗传，也就不影响进化。

4. 库存数据库

在企业管理中，库存管理是物料管理的核心，库存数据库自然是重中之重了。

我们通常将“库存管理”视为物料入库、存储、出库的业务管理。即使会有很多仓库，成品库、半成品库、在制品库、原材料库、备品备件库、燃料库、危险品库等等，但涉及的无非是“编码”“分类”“先进先出还是后进先出”“安全库存”“ABC管理”等一般技术，似乎并没有什么技术含量。可是在企业计算机辅助管理系统中，不管是过去的MRP（物资需求计划），还是现在的ERP（企业资源计划），许多管理系统都是以库存管理为中心开发的管理系统，由此可以看出库存管理在企业计算机辅助管理系统中的位置。

在人的生命管理系统中，库存管理是非常高级的管理软件，因为它管理的是细胞，每一个细胞都是活的，有很多细胞是干细胞，它们还能制造细胞。

下面用两个实例来说明人体库存管理的复杂性。

实例1. 卵子的制造过程。

在女性胚胎期第16周时，生命管理系统下达计划生产原始卵泡，到新生儿出生时停止生产。出生时，新生儿两侧卵巢皮质中共有70万～200万个原始卵泡。这里卵巢应该叫半成品库，70万～200万个原始卵泡应该就是半成品，其数据则存放在人体细胞属性数据库和库存数据库中。在该女性其后的一生中，生命管理系统中的库存管理程序管理着这些原始卵泡。结果是卵泡数量随着年龄增长而逐渐减少。7～9岁时减少到约30万个，青春期开始时有4万个左右，至更年期仅剩几百个。从青春期到更年期的整个生育期内（30～40年），卵巢在生命管理系统的控制下，一般每隔28天左右有15～20个卵泡生长发育，但通常只有一个卵泡发育成熟并排卵。

上述是卵子制造、存储、成长全过程的现象描述，下面我们把管理过程也加上。在每一个原始卵泡生产过程中，干细胞都会在拷贝DNA的同时给这个细胞拷贝一个细胞属性数据记录。细胞属性数据记录中有这个细胞的编码、存储位置，这个细胞属性数据记录同时写入到人体细胞属性数据库和库存数据库中备查待用。基于卵巢中并没有货柜货架等标明存储位置的标识，原始卵泡都是存储在一起的，因此原始卵泡一定具有编码信号激活的功能。当青春期开始，女性进入生育年龄后，生命管理系统每隔28天左右从库存数据库中找出15～20个健康原始卵泡，根据原始卵泡编码激活相应的原始卵泡。我们现在还不知道生命管理系统是采用先进先出或后进先出或随机选取的方法确定原始卵泡编码，但被选中的原始卵泡肯定知道自己被选中，其他相关的组织和器官也知道谁被选中，于是该批原始卵泡进入正常的成熟处理程序，确保在排卵期有一个以上正常的卵子排出。当生命管理系统发现人体已经受孕了，则停止这些原始卵泡的成熟处理程序。

有的原始卵泡从被制造出来后，将在卵巢内住上几十年，其相关数据一直存储在库存数据库中，生命管理系统按时间要求从

库存数据库获取健康的原始卵泡的数据，并决定哪些原始卵泡进入正常的成熟处理程序。库存数据库的作用可见一斑。

实例2. 脑细胞的作用。

现代医学推论在婴儿出生时，其大脑中会有高达1000亿个脑神经细胞，成年人的大脑中包含850亿～860亿个神经元。

我们感兴趣的是婴儿刚出生时，1000亿个脑细胞在干什么。毫无疑问它们被存放在了大脑中，它们的属性数据被存进了人体细胞属性数据库和库存数据库中，需要的时候被调出来。

1000亿也可以被称为100G。对比电子计算机存储信息技术，1000亿脑神经细胞应该是相当于我们现在一台普通微电脑的一个100G硬盘的存储量。

现代医学是这样介绍脑细胞成长的：从胎儿7个月到出生是脑细胞生长发育的第二阶段，这个阶段脑细胞持续增加，细胞体积增大，树突分支增加，突触开始形成。孩子出生后1年内是脑细胞增大的第三阶段。这个阶段脑神经细胞体积持续增大，神经胶质细胞迅速分裂增殖，神经细胞组成整个身体传送信息的神经通道，就像传送电讯号的电路一样。

新生儿来到这个世界时，一句话不会说，一个字不认识，什么话都听不懂，存储的信息量几乎为零。至于胎教作用，众说纷纭，实在没有办法验证。

人出生时有1000亿个空白脑细胞，经过一年左右时间发育成熟，准备为未来存储各种各样的信息。此时即使它们还是空白的脑细胞，生命管理系统中的库存管理系统也要对它们进行功能分区和连接到相应的神经上。根据已知的大脑功能，笔者想功能区至少包含下列分区：运动区、语言区、感觉区、味觉区、听觉区、视觉区、信息处理区、行为及情感区、平衡区等等。相应的功能区都会与对应的神经相连，这样的人才是一个正常人。这个过程结束后，再根据现代医学介绍，人的大脑内可供使用的脑细胞约为130亿个。

上述过程非常像我们新买一台电脑，配了一个100G的存储硬盘，用于存储各种各样的数据、信息。在电脑初始化完成后，我们会对存储硬盘进行格式化和分区，确定哪个盘放操作系统，哪个盘放办公软件，哪个盘放个人文档，哪个盘放音乐、电影、游戏、娱乐程序等等，用于分类管理和方便查找，即使分区后的硬盘还是一个空盘。存储硬盘格式化还会把所有损坏的存储区域找出来屏蔽掉，以便在正常工作时不会用到它们。因此格式化后的硬盘存储容量将比标称的容量小一些。

电脑的硬盘由专用磁盘管理工具管理。人的脑细胞则由生命管理系统的库存数据库管理系统管理。

|第五章|

人的生命管理系统

一、概述

受精卵走出卵巢，启动了造人的序幕。

刚开始，受精卵亲力亲为，自己动手造全能干细胞、干细胞和其他各种细胞，指挥大家植入母亲子宫内膜建立营养的输入输出通道。当这些都成功后，造人的准备工作就做好了。同时，受精卵也拥有了一大批聪明、能干、充满智慧的干细胞。说实话，这些干细胞比人聪明能干多了，光是能读懂DNA的内容，就不是一般人可比拟的。

细胞多了，管理起来就有问题。在管理学中，有一个名词叫“管理幅度”，又称“管理宽度”，是指在一个组织机构中，管理人员直接管理下属的数目，这个数目是有限的，当超越这个限度时，管理的效率就会随之下降。受精卵也是这样，面对要制造和管理数十万亿个细胞，光靠她自己是不行的，要有一个庞大的管理团队，还要建立一个“人的生命管理系统”。

（一）人的生命管理系统简介

人的生命管理系统管理着生命的全过程，控制着生命过程的均衡发展，维护着生命各阶段的平衡。

人的生命管理系统由生命计划管理子系统、计划执行管理子系统、生命监控管理子系统和生命分析调整子系统构成。

人的生命管理系统需要有动态的时间管理数据库、库存数据库、人体成长数据库和静态DNA中的各个数据库做支持。

人的生命管理系统是人的内部管理系统，它的管理范围仅限于人体内部。对于外部环境，它是一个被动适应的管理系统。

人的生命管理系统和人的大脑是两个相对独立的管理系统，生命管理系统的级别和权限要高于大脑，大脑只是生命管理系统执行器官中的一个，但基于大脑的独立性，大脑有时可以不执行生命管理系统的指令。

人的生命管理系统是由DNA生成的，在运行中有一定的自学习能力和调整能力，但它不能反作用于DNA，因此改进的生命管理系统几乎不能够被遗传。

（二）人的生命管理系统和企业的生产管理系统

一个人是由一个受精卵制造出来的，这点已没有异议。若把人看成是一个制造出来的产品，人的生命管理系统其实就是一个产品的生产、制造、维护管理系统。

自计算机技术问世以来，随着它逐渐向智能化发展，各种计算机管理系统也应运而生，帮助人们处理管理上的事务。从早期的单一业务管理，如人事管理、工资管理、库存管理，慢慢升级为子系统管理，如财务管理系统（含总账、应收、应付、固定资产、成本核算等）、库存管理系统（含成品库、半成品库、在制品库、原材料库、备品备件库、危险品库等所有的库存管理，

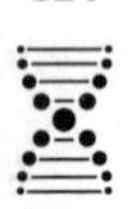

以及供应商管理和客户管理，有时还包括库存资金占用管理等等）。随着计算机辅助管理帮助人们提高工作效率，展现出其优越性后，更高级的电子计算机全系统管理渗透到现代社会的各行各业，工业、商业、学校、科研院所、政府机关，已经没有不用计算机辅助管理的地方了。

全系统管理意味着本系统内的所有事务都由电子计算机统一处理，甚至人也是管理的对象。全系统管理意味着本系统内的所有信息、数据都存在电子计算机的数据库中，既可以集中处理，也可以分散处理。纵观现有的电子计算机管理系统，仍以大型计算机生产管理系统更为复杂，水平更高。大型计算机生产管理系统中又以品种多、产品工序复杂、加工时间长、柔性加工、批量生产的管理系统水平最高。

全系统生产管理将本企业内的所有事务纳入系统统一处理。“供产销，人财物”全部列入管理的范畴。基于人的生命管理系统与企业生产管理系统的相似性，我们可以先了解一下企业生产管理系统是怎样工作的。

下面是一个产品制造全过程的系统工作与管理：

1．销售部门与客户签订产品销售合同，合同上注明产品名称、数量、价格和交货日期，然后将合同内容输入销售子系统。

2．生产管理系统首先检查成品库存，看看成品库里有没有合同订货的产品，有且数量够就不用生产了。如果这家企业是以销定产的生产企业，通常库存应为零，则将此任务转给生产计划子系统。

3．生产计划子系统立即读取该产品的产品结构数据库（假定该产品研制开发部门已做好了全部技术文档），制作材料需求清单。这个过程有点长，需要对该产品的产品结构树做一次遍历搜索，找出所需要的全部零件、部件、组件数量，再乘以订单数量，就是理论上生产这批产品需要的零部件数量。

4. 生产计划子系统读取该产品的装配工艺数据库，计算此产品的生产周期，获得整机、组件、部件的装配时间需求，继而根据产品订货合同的要求计算出所有零件、部件、组件的最后完工时间，产生一份最完美的生产计划书。

5. 生产计划子系统将材料需求清单分解为自制件清单、外购件清单和外协件清单。自制件就是自己制造，下达的是生产计划；外购件就是在外面买，下达的是采购计划；外协件是自己制造一部分，找合作单位制造一部分，外协计划相对复杂一点。

6. 生产计划子系统将自制件清单和外协件清单中的自制件部分合并，读取每一种零件的项目属性数据库和加工工艺数据库。确定这些零件用什么材料加工、用什么设备加工、由谁来加工、怎样加工、加工周期多长，形成一份各工种材料需求和工作量的预估报告。

7. 生产计划子系统根据前述“最完美的生产计划书”和“各工种材料需求和工作量的预估报告”就可以计算出生产这个产品的最长工作时间，即关键路线。如果合同订单上的交货时间很紧，关键路线上的零件、部件、组件生产和设备、人员及相关的采购合同都必须重点保证。

8. 生产计划子系统根据“最完美的生产计划书”“关键路线”、设备能力、人员状况编制实际的生产计划任务书，这个生

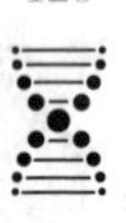

产计划任务书中的零件、部件、组件生产数量都必须包含这些零件、部件、组件后道工序的废品率，以确保能够保质保量地完成销售合同。同时依据“实际生产计划任务书”编制外购件采购计划。

9. 实际生产计划任务书还要考虑到设备的均衡使用和满负荷使用、人员的均衡使用和满负荷使用，以及零件、部件、组件库存资金占用最优等多种管理因素，因此会做多次优化以获取最好的、最可行的生产计划任务书。

10. 生产计划子系统按“实际生产计划任务书”检查原材料库、在制品库、半成品库等的库存情况，如原材料不足，则编制原材料采购计划。生产计划子系统按“实际生产计划任务书”检查设备能力情况，如设备不够，则编制设备采购计划。同时根据“原材料采购计划”和“设备采购计划”，为财务管理部门编制资金需求计划。

11. 最后，生产计划子系统将本合同的“实际生产计划任务书”合并到企业正在执行的生产计划大纲中，并再次进行优化，更新各分厂、车间、班组的“实际生产计划任务书”，以后据此下达每天（每周）的生产作业计划。同时将“外购件采购计划”“原材料采购计划”“设备采购计划”并入企业总的相关计划中一并执行。

12. 各分厂、车间、班组按生产作业计划要求完成生产任务。各职能部门按生产计划要求完成相关的工作，如原材料、外购件、设备、工具的采购，人力资源分配，采购资金准备，等等。

13．生产计划完成情况往往通过库存数据反馈到生产管理系统控制中心。

14．监控系统随时检查生产计划的执行，如遇到意外情况出现，立即启动非正常情况紧急处理程序，有预案的按规定方案处理，没有预案的提请人工干预处理。问题处理完毕后，重新核定、优化生产计划继续执行，直到最后完成本合同。

15．不出意外，这份合同可以获得最好的经济效益。

人的生命管理系统管理的产品就是人本身，人这个产品零件多，结构复杂，生产周期长。当产品完工、投入使用后，产品的维护期更长。在产品维护阶段，组成产品的各个零件（器官）有不同的生命周期，一旦疏忽，产品将会提前进入衰老期。生命管理系统必须时时控制生命的进程，延缓衰老的出现。由此可见，人的生命管理系统比一个企业的生产管理系统要复杂，而且复杂很多倍。

然而人的生命管理系统不是万能的，人在生活中，有些器官会出现意外故障，人的生命管理系统里并没有处理这些故障的预案，这时就需要外界人工干预，也就是找医生处理。人工干预不一定能解决问题，有时还会起反作用，但人工干预一定会影响生命管理系统正常运转，会给人体带来额外的负担，需要一定的时间恢复。

人的生命管理系统是一个被动的管理系统，它没有对外发号施令的功能，只能根据自身的条件去做力所能及的事。因此人吸烟、喝酒、熬夜、吸毒而伤害身体时，生命管理系统完全无能为力，只能被动地接受，启动意外情况处理功能来处理。同时，人

偏食、摄入营养不均衡，导致某些器官不能得到正常维护，生命管理系统也没有办法，只能任由这些器官被伤害。我们最熟悉的情况应该是缺钙了，无论是老人还是小孩，只要缺钙，一定会影响骨骼的健康，巧妇难为无米之炊，这道理谁都懂，但人的生命管理系统并不能发出指令强制人去吃含钙的食物。

二、生命管理系统的初始化

初始化曾是电子计算机行业的一个专用术语，意思是当一台电子计算机、一个程序或一个应用系统在开始工作时，要对一些设备变量或数据库进行赋值处理，以便能正常工作。随着电子计算机技术的发展，特别是芯片技术的升级，微型计算机被广泛应用到各种电子设备中，初始化的概念也随之普及到各个领域。举例来说，新买来一台电视机，若不进行初始化数据输入，用户很可能看不成电视节目。所以现在除了新电脑使用时要初始化以外，大部分电子产品刚开始使用时都要初始化。

人的DNA是一个只读数据库，它储存了人的生命构造和性能等所有遗传信息，也储存了人的成长、衰老、凋亡全过程的控制信息，生命管理系统亦存放在DNA中。

从事过计算机管理系统运作的人都知道，要将一个管理系统运行起来，需要先按部就班做三件事：

1. 将管理系统软件从存储介质（通常是只读存储器）上拷贝（下载）到使用的计算机上。

2. 将管理系统软件初始化。

3. 启动管理系统软件。

这三个步骤很容易理解：首先，计算机管理系统软件在只读存储器上是运行不起来的，因为程序运行中会需要存储变量、中间变量、结果，只读存储器只能读不能写，程序运行不下去；其次，管理系统软件运行需要数据，而且一定是正确的数据，数据在运行前不仅要输入，而且要检查核对，这就是初始化的任务；最后，管理系统软件要在指定的时间运行，即初始化输入的数据是有时效性的，早也不行，晚也不行。

受精卵是孤身一个细胞走出卵巢的，她的目标是造出拥有60万亿个细胞的人，而且要让这个人能活到生命周期的结束，其间大概还要造出数万亿个细胞维持生命的运行。

受精卵本身拥有什么资源呢？内部资源实在少得可怜，DNA应该是她最宝贵的财富了，还有一些造干细胞的原材料（营养物质），估计最多也造不了几百个细胞，好在有母亲做强大的后盾。

兵马未动，粮草先行！初出卵巢的受精卵当务之急是从外部获得营养，使自己能够活下去，根本顾不上什么生命管理系统的初始化。受精卵先造出来的细胞，都是自己的直系亲属，而且细胞数量少，直接管理就可以了。因此，受精卵的第一要务是建立“获取营养/排除废料”的输入/输出通道，此时此刻子宫就是她的落脚地。当受精卵率领自己的小团队顺利植入母亲的子宫内膜，建立起“获取营养/排除废料”的输入/输出通道，实际获取母亲的营养后，她才会腾出精力来建立生命管理系统，实施造人计划。

在建立生命管理系统之前，必须先把人体内部时钟造出来，这是生命管理系统能够运行的必要条件。受精卵什么细胞都能

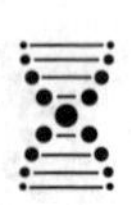

造，造人体内部时钟就是小菜一碟。

对照前面讲的三件事，建立生命管理系统可以省略第一件，因为受精卵太奢侈、太浪费了，她把造人的所有信息和管理系统都拷贝或将拷贝给每一个相关细胞的细胞核，绝大多数细胞可以从自己的细胞核中读取到需要的信息和数据。

每个细胞的细胞核中都有DNA，这就像一个人的大脑中有图书馆和数据中心，需要什么信息资料调出来就可以，不用和外界打交道。其优点显而易见，获取信息数据速度快，不占用外部通道，避免了信息数据传输过程中的偏差，缺点是占用了大量的存储资源，不过受精卵不太在乎。

这里第一步就是生命管理系统运行软件的初始化。生命管理系统软件大体可以分为下面几个模块：

1. 生命管理系统软件初始化。

2. 数据库管理子系统。

3. 计划管理子系统。

4. 计划执行管理子系统。

5. 监控管理子系统。

6. 分析调整子系统。

在初始化过程中，要生成生命管理系统中动态数据库并对其数据初始化，因为人是一个时时刻刻都在变的物体，仅用DNA中一成不变的数据是造不出人来的。

要生成的动态数据库有：

1. 人体时间、日历数据库。

2. 人体细胞属性数据库。

3. 库存数据库。

4. 人体生长数据库，包含：

（1）生命成长标准数据库。

（2）生命成长实时数据库。

（3）生命成长平衡数据库。

（4）生命成长环境数据库。

（5）生命成长标准调整数据库。

5. 人体运行数据库及人体意外情况处理数据库。

人体中的动态数据要存多久？举个例子大家就明白了。婴儿出生后要按计划接种疫苗，完成这项任务后，婴（幼）儿就产生了抗体，数据存入人体意外情况处理数据库，对相应的传染病就有抵抗力，理论上讲得相应的传染病的概率就会降低。人刚出生时没有这些抗体，说明他的DNA中没有那些数据；接种疫苗后产生了抗体，说明他的运行数据库中存入了相应的数据。以后他对相应的传染病毒都有免疫力，证明这些数据是保留下来了。

各种动态数据库的初始化非常简单，凡是DNA中有的，直接转过来就可以；凡是DNA中没有的，全部清零就可以。即使是时间、日历数据库也可以清零，从头开始。因为受精卵一开始制造的是全能干细胞和滋养层细胞，还没有涉及造人本身。

第二步是生命管理系统软件试运行，运行系统所有的功能模块，读取各自相关的数据库并核查数据库内容是否正确，全面试运行无误后，生命管理系统处于准备运行状态。

受精卵和她的团队一旦成功植入子宫内膜，建立滋养层，就可以从母亲那里获取源源不断的营养，受精卵一声令下，启动生

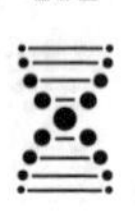

命管理系统，开始造人。

三、生命管理系统中的数据库管理系统

数据库管理系统的英文为“Data Base Management System”，缩写为DBMS，是一个操作和管理数据库的工具，用于建立、维护和使用数据库。数据库管理系统对数据库进行统一的管理和控制，保证数据库中数据的安全和完整。

数据库管理系统中每一个数据库都会有一个数据字典。数据字典是数据库的中心，它对数据的数据项、数据结构、数据流、数据存储、处理逻辑等进行定义和描述。数据字典决定了一个数据库的基本结构。

在人的生命管理系统中，数据库管理系统管理的数据库并不多，在系统初始化时应该就全部生成了：

1. 人体时间、日历数据库。

2. 人体细胞属性数据库。

3. 库存数据库。

4. 人体生长数据库，包含：

（1）生命成长标准数据库。

（2）生命成长实时数据库。

（3）生命成长平衡数据库。

（4）生命成长环境数据库。

（5）生命成长标准调整数据库。

5. 人体运行数据库及人体意外情况处理数据库。

下面我们按顺序推演一下各个数据库的构成：

1. 人体时间、日历数据库

人体时间、日历数据库最简单，数据项也不会很多，时间刻度的定义肯定不是年月日时分秒。前面已经介绍过，人体与外界并无直接联系，人体内的时间是人体内部时钟自己建立的，基本频率由DNA确定，与现实社会完全不同步。

人体时间、日历数据库的数值就是人体生命到达各个阶段的标志，全体干细胞都要参照这个数值去制造新的细胞，数据库管理系统必须保证它的安全性和可靠性，确保人的生命进程。

2. 人体细胞属性数据库

人体细胞是一个总称，人体内有几百种细胞。细胞可能是生产者（干细胞），可能是人体器官的组成部分（如骨细胞），也可能是一个学生（脑细胞）。总之，几百种细胞就有几百种属性。每一个细胞被制造出来后，都有特定的作用，因此它必定有一个属性说明。

人体细胞是活的，在人体内什么工作都做，学习、生产、打仗、管理，面面俱到，就像一个小社会。参照社会对人的管理来研究，细胞属性数据库里细胞的身份是必须有的，即有一个编码；年龄肯定是要有的，即被制造出来的日期；父母也是有的，即造细胞的干细胞是谁；细胞是干什么的，即细胞的工作和任务；在哪里干活，即细胞的工作位置；再加上生命周期有多长，管理机构登记注册，从而构成了细胞属性数据库的内容。

人体细胞属性数据一式两份，一份储存在人体细胞属性数据库中，另一份保存在细胞自己的数据库中。

3. 库存数据库

通常情况下，细胞属性数据库中空闲的细胞数据就存入库存

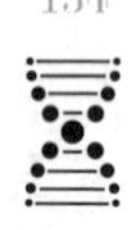

数据库。我们已举例说明过脑细胞和原始卵泡细胞，人一出生它们就存在，随时准备被使用，但大部分一生都没有被使用过，在库存数据库中直到细胞生命周期的结束。

大家知道人体是由化学元素组成的。组成人体的元素有60多种，除了人们熟悉的碳水化合物、油脂、蛋白质、维生素、水和无机盐以外，还有很多微量元素。1973年世界卫生组织公布了14种人体必需的微量元素：铁、铜、锰、锌、钴、钼、铬、镍、钒、氟、硒、碘、硅、锡。微量元素在人体内含量虽然少，但对维持机体正常的生命活动具有重要意义。

现代医学已确定人体组成中，水的占比约60%，碳水化合物和脂肪约占14%，蛋白质约占17%，剩下的是维生素、矿物质、纤维素，再加上重量几乎可以忽略不计的微量元素。这些元素在人体中都有非常重要的作用，不可缺少，但也不可过多。

在生命成长的过程中，人体控制细胞的种类、数量很容易，控制制造细胞的各种原材料（营养物质）却很难，因为前者可以自己制造，后者必须从外界得到。

人在生命成长的过程中要消耗各种营养物质（原材料），即使在母亲的肚子里，也未必能想要什么就能有什么，离开母体后更是这样，获得营养物质一定是阶段性的、一批一批的。因此在获得一批营养物质时，就要把它存起来，以供生命的连续成长所需。特别是微量元素，来之不易，获得时不一定用得上，但关键时一定要有，否则会影响生命活动的正常运转，故必须有一个安全库存。

成长就像一个连续生产的企业。原材料库是一定要有的，在制品库是一定要有的，半成品库是一定要有的，成品库是一定要有的，备品备件库是一定要有的，许多仓库都是一定要有的，相对应的库存数据库也是一定要有的。

4．人体生长数据库

（1）生命成长标准数据库。

（2）生命成长实时数据库。

（3）生命成长平衡数据库。

（4）生命成长环境数据库。

（5）生命成长标准调整数据库。

人体生长数据库是由上述5个具体的数据库构成的，上一章我们详细分析了各个数据库的用途，这里不再赘述。生命管理系统依据人体生长数据库来管理人的生命成长过程，下一部分我们会详细介绍这些数据库的使用情况。

5．人体运行数据库及人体意外情况处理数据库

前面讲了人体运行数据库是一个人正常生活、成长的参数数据库，决定人的体温、血压，以及喜欢（不喜欢）什么味道，在生命成长过程中还要决定人的血液、胃酸、胆汁、肥胖等各种量化指标，确保人生活在一个正常状态（平衡状态）。人体意外情况处理数据库是人体遇到非正常情况、受到伤害时的处理程序及参数数据。

对于生命管理系统而言，这两个数据库的内容都是讲述遇到什么事就应该怎么做的程序化标准处理模式。若比照制造产品的生产企业，它们就是工作规程手册，详细规定每件事应该谁去做、怎么做和做到什么程度。也就是管理上所谓的“事事有人

管，事事有人做，事事有标准”。若用计算机语言表达，它们就是标准的if–else语句。如管理系统在例行检测身体状态时，如果（if）满足规定的条件，就启动相应的处理子程序，否则（else）检测下一个身体状态。如此循环往复地检测身体状态，确保人体的正常运作。

生命管理系统初始化时，系统把人体运行数据库和人体意外情况处理数据库从DNA拷贝到生命管理系统下的数据库管理系统中，并将其属性设定为可读写，用于人体生命在成长过程中调整各种参数（血压、体温等），存储学习到的新处理方法，扩充人体意外情况处理数据。

这个数据库是个与时俱进的实时数据库，非常可惜，各种经验表明，这个数据库不参加修改DNA的行动，不能够将自己与自然界抗争的成果遗传给下一代，进而不影响进化。当然，有弊就有利，如若自己得了什么病，也不会遗传给下一代，两害相权取其轻，说不定这还是确保人类的纯正性的可持续繁衍的措施。

四、生命管理系统的计划管理子系统

“计划”这个词在《现代汉语词典》（第7版）中被解释（义）为：工作或行动以前预先拟定的具体内容和步骤。

“计划”这个词百度百科是这样解释的：“计”的表意是计算，“划”的表意是分割，计划从属于目标达成而存在，计划是分析计算如何达成目标，并将目标分解成子目标的过程及结论。

“计划”的特点有：

1. 针对性。计划是针对本系统造人实际情况制定的，目的明确，具有指导意义。

2．预见性。计划是在行动之前制定的（存放在DNA中），它以实现造人的目标、完成下一步工作和学习任务为目的。

3．首位性。计划是进行各种制造工作的前提，计划在前，行动在后。

4．普遍性。实际的计划工作涉及系统中每一位成员（细胞、组织、器官、子系统）。

5．目的性。系统制定各种目标都是为了完成造人的总目标，目的性明确。

6．明确性。计划明确表达出系统实现目标所需资源及计划的执行者。

计划、组织、指挥、协调、控制是管理的五大职能，计划位居五大职能之首，可见其重要性。人的生命管理系统也不例外，因此介绍生命管理系统，首先从计划子系统开始。

造人计划，对于制造业来说就是生产计划。通常，生产计划模式有三种：第一种，根据市场需求制订的生产计划，有订单才生产（以销定产）；第二种，根据市场预测制订的生产计划，先生产，再销售，保持一定的库存量；第三种是前两种的组合，既按订单生产，又保持一定的库存量（这样供货及时）。造人计划属于第一种，按订单生产，这个订单就是受精卵中设计好的那个人，其制造信息存放在受精卵的DNA中。

制造业的生产计划通常都会有生产大纲，按时间细分为：年度生产计划、月计划、周计划、生产作业计划；按部门细分为：分厂生产计划、车间生产计划、工段生产计划；其他还有按商品分的生产计划、按销售区域分的生产计划，我们就不一一列出来了。但有一个结果大家必须知道，就是生产计划很少有百分之百完成的，越到上层计划实现率越低。

造人计划由DNA给出造人大纲。人的胚胎期有266天，精确的孕期时间说明造人计划有不可更改的日计划、周计划、月计划，甚至会有小时计划。这说明造人计划是以时间计划为核心的，其后的组织、指挥、协调、控制也都要围绕着时间来进行。在胚胎期，266天是完工日期，类似于合同交货日期。

造人的原材料（营养）变数很大，直接影响造人工程的进度，造人计划的实现率会打折扣，真正造出来的人和DNA中规划的人会有一定的误差（双胞胎和多胞胎的体重就可以说明这个问题），因此具体的造人计划需要经常调整和修改，以确保孕妇在266天左右分娩。

本书将人的生命周期划分为四个阶段：人的形成阶段，人的成长阶段，人的维持阶段和人的衰老阶段。毫无疑问这四个阶段的造人计划是不一样的，前两个阶段属产品生产制造计划，后两个阶段属产品维护计划。我们在每个阶段选一个时间点来探讨计划的建立、执行、反馈和调整。

（一）人的形成阶段

我们选定的时间点为受孕第10周。

现代医学是这样描述第10周的胎儿的：基本的人体、细胞结构已经形成，胎儿的身长大约4cm，体重13g左右，身体所有的部分都已经初具雏形，各器官均已形成，包括胳膊、腿、眼睛、生殖器以及其他器官；大脑、眼睛、嘴、内耳、消化系统、手、脚开始发育；面颊、胎儿下颌、眼睑及耳廓已发育成形，颜面更像人脸。

现代医学描述的是实际检查中的真实情况，生命管理系统检测到的人体数据模型肯定与其相一致，计划管理系统将在这个基础上制订下一步的造人计划（细胞生产计划）。

我们来看一看计划管理系统的工作流程：

1. 计划管理系统打开人体时间、日历数据库，读取当时的人体生命长度数据。

2. 计划管理系统打开DNA，以人体生命长度数据为索引值读取相关的数据，建立生命成长标准数据库（A）。

3. 计划管理系统打开生命成长实时数据库，建立一个以人体生命长度数据为时间点的生命成长数据库（B）。

4. 计划管理系统逐项比对数据库（A）和数据库（B）中的数据，找出数据库（A）和数据库（B）的误差，即发现已经制造出的人体和DNA中拟制造的标准人体之差，建立一个临时数据库（C），为下一步制订详细造人计划提供基础数据。

5. 计划管理系统打开人体结构数据库，读取人体结构数据和临时数据库（C），计算出制造的人体不平衡数据。这个不平衡指的是人体本身不平衡，比如说左右手不一样大、左右腿不一样长，建立以人体生命长度数据为索引值的人体平衡数据库（D）。

6. 计划管理系统打开人体项目数据库、生命周期数据库、人体平衡数据库（D）和临时数据库（C），计算出下一步要制造细胞的优先级，即将所有要制造的细胞排出一个优先级别的顺序。建立以人体生命长度数据为索引值的人体细胞生产优先级数据库（E）；

7. 计划管理系统根据制造细胞的优先级排序和需求数量，制订细胞生产标准计划。

8. 计划管理系统打开生命成长实时数据库、库存数据库、细胞属性数据库和人体项目数据库，根据细胞生产标准计划检查干细胞的配置情况，制订相应的干细胞生产计划。在人体成形期，总会有新的组织、新的器官、新的细胞要生产，先检查、配置相应的干细胞是必需的。

9. 计划管理系统制订详细的细胞生产作业计划，检查无误后转给计划执行系统（细胞生产制造管理系统）。

我们不知道生命管理系统与细胞之间怎样发号施令、用什么语言交流，这有待探索与研究。下面我们用读者可以理解的语言来介绍计划管理系统所做的工作。

人的形成阶段工作流程说明：

1. 造人的生产大纲是以人体内部时钟和日历为时间单位制定的，所以计划管理系统工作第一步就是获取当时的时间值，这个值就是我们通常所说的年龄，只是它在生命管理系统中的精度很高。这个时间值是此时此刻制订下一步细胞生产计划的依据。

2. 计划管理系统获取人体年龄数据后，以它为索引键读取DNA中的标准制造计划，即在生产大纲中，此时此刻应该把人造成什么样子。通常DNA中的数据被压缩存储，因此计划管理系统要将它读取、解压缩后形成那个时刻的生命成长标准数据库。

3. 计划管理系统获取人体年龄数据，同时打开生命成长实时数据库，获取那个时间点的生命成长实时数据库全部内容，加上人体年龄数据，建立那个时间点的生命成长数据库。

4．数据库（A）和数据库（B）的结构完全相同。计划管理系统逐项比对数据库（A）和数据库（B）中的数据，找出误差，即发现已经制造出的人体和DNA中拟制造的标准人体之差。正常情况下，（A）—（B）应该是零或一个正值，表示造人计划完成或还差一点。（A）—（B）若为负值，则表示造人计划超额完成了，新计划中要特别注意。比较数据的同时还要建立一个临时数据库（C），用于存储计算出来的误差值，为下一步制订细胞生产计划提供基础数据。

5．造人管理的优先级第一是时间，266天左右必须把人造出来和生出去；第二是平衡，也就是无论什么系统、什么器官、什么组织、什么细胞都得造，凡涉及人体左右都有的器官，还必须造得一样，造得小一点可以，两边不同是绝对不行的；第三是人体各器官之间的平衡，由于母亲提供的营养都是一样的，可通过血液流动供往人体任何部位，人体中每个干细胞都可以获得这些营养去造对应的细胞，因此必须严格管理这些干细胞，使它们必须按计划要求制造细胞，使人体全身器官大小平衡。

获取平衡数据必须读取人体结构数据库中的数据，加上实际误差数据库｛数据库（C）｝中的数据，才能找出不平衡的误差，建立人体平衡数据库（D）。

6．受孕第10周时，人体成长的原材料（营养）完全由母亲供应。通常原材料是不够的，原因多种多样。可能输入输出通道（胎盘、脐带）不够通畅，可能母亲本身获取的营养不够，也可能母亲有病提供不了足够的营养。总而言之，快速成长的人体并不能得到足够原材料以实现DNA规定的目标，生命管理系统必须

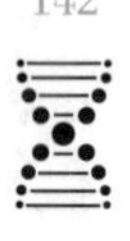

把有限资源用到最需要的地方，计划管理系统必须找到最需要优先制造的细胞，生产细胞的优先级应运而生。

在人体成形期，DNA中细胞生产大纲对制造特殊细胞是有时间限定的，最典型的是脑细胞和女性原始卵泡细胞，它们在人体胚胎期就全部生产完毕，放入库存数据库，它们和人体的大小、重量无关，其生产时间只与人体年龄有关，这需要计划管理系统在指定时间安排细胞生产计划时优先安排它们且不考虑人体平衡，因此它们的生产有最高优先级。

7．生命成长标准数据库有了，生命成长实时数据库有了，生命成长的实时数据与标准数据的差额算出来了，人体平衡数据算出来了，细胞生产的优先级也算出来了，万事俱备，计划管理系统开始制订细胞生产标准计划。

8．计划管理系统在下达细胞生产计划前，先要检查细胞生产能力，配置相应的干细胞生产计划，确保总目标得以实现。

9．完成细胞生产作业计划并交付使用。

（二）人的成长阶段

我们选定的时间点为13周岁。

人还在成长阶段表明产品还未完工，仍在生产制造中，因此计划管理系统的工作流程与人的形成阶段差不多，处理上有少许变化，应该说简单了点（不需要再生产新的器官）。

人的成长阶段计划管理系统工作流程：

1．计划管理系统打开人体时间、日历数据库，读取当时的人体生命长度数据。

2．计划管理系统打开DNA，以人体生命长度数据为索引值读取相关的数据，建立生命成长标准数据库（A）。

3．计划管理系统打开生命成长实时数据库，建立一个以人体生命长度数据为时间点的生命成长数据库（B）。

4．计划管理系统逐项比对数据库（A）和数据库（B）中的数据，找出数据库（A）和数据库（B）的误差，即发现已经制造出的人体和DNA中拟制造的标准人体之差，建立一个临时数据库（C），为下一步制订详细造人计划提供基础数据。

5．计划管理系统打开人体结构数据库，读取人体结构数据和临时数据库（C），计算出制造的人体不平衡数据。建立以人体生命长度数据为索引值的人体平衡数据库（D）。

6．计划管理系统打开人体项目数据库、生命周期数据库、人体平衡数据库（D）和临时数据库（C），计算出下一步要制造细胞的优先级，即将所有要制造的细胞排出一个优先级别的顺序。建立以人体生命长度数据为索引值的人体细胞生产优先级数据库（E）。

7．计划管理系统根据制造细胞的优先级排序和需求数量，制订细胞生产标准计划。

8．计划管理系统打开生命成长实时数据库、库存数据库、细胞属性数据库和人体项目数据库，根据细胞生产标准计划检查干细胞的配置情况，制订相应的干细胞生产计划。在人体成长期，仍会有新的组织、新的细胞要生产，先检查、配置相应的干细胞是必需的。

9．计划管理系统制订详细的细胞生产作业计划，检查无误后转给计划执行系统（细胞生产制造管理系统）。

人的成长阶段工作流程说明：

1．对于计划管理系统而言，读取当时的人体生命长度数据是必需的。这个时间值是此时此刻制订下一步细胞生产计划的依据。

2．计划管理系统获取人体年龄数据后，以它为索引值读取DNA中的标准制造计划，形成那个时刻的生命成长标准数据库。

3．计划管理系统获取人体年龄数据后，同时打开生命成长实时数据库，获取那个时间点的生命成长实时数据库全部内容，加上人体年龄数据，建立那个时间点的生命成长数据库。

4．数据库（A）和数据库（B）的结构完全相同。计划管理系统逐项比对数据库（A）和数据库（B）中的数据，找出误差，即发现已经制造出的人体和DNA中拟制造的标准人体之差。正常情况下，（A）－（B）应该是零或正值，表示造人计划完成或还差一点。（A）－（B）若为负值，则表示造人计划超额完成了，在人的成长阶段，这种情况会大量地产生，新计划中要特别注意。比较数据的同时还要建立一个临时数据库（C），用于存储计算出来的误差值，为下一步制订细胞生产计划提供基础数据。

5．获取平衡数据必须读取人体结构数据库中的数据，加上实际误差数据库｛数据库（C）｝中的数据，找出不平衡的误差，建立人体平衡数据库（D）。

6．13周岁时，人体成长的原材料（营养）完全由本身的消化系统供应。通常原材料是不够的或不均衡的，原因多种多样：最大可能是通过食物摄入的营养不够；第二是摄入的营养不均衡；第三是大脑并不知道人体本身储存有多少营养物质（原材料），因此人体活动后会导致某种营养物质（原材料）的缺失，需要事后补充。总而言之，13周岁的人每天活动内容会非常不同，人体对营养物质的需求也会非常不同。活动时，人体消耗的是库存营养物质，活动量大时，人体甚至会越过安全库存线消耗某些营养物质。举个简单的例子，在世界级羽毛球比赛的单打冠亚军决赛中，有时两个运动员出的汗可以用千克（kg）计，身体内水分的流失让人体处于缺水的状态，即使场内可以喝饮料补充，也远远赶不上人体消耗的速度，赛后必须补充大量的水才能使运动员恢复到正常状态。足球赛、篮球赛的情况也差不多。然而人体活动结束后却是由大脑决定补充什么营养物质（吃什么食物），以现在的科技发展水平，大脑也只能模模糊糊、懵懵懂懂地知道要补充什么食物以满足人体的需要。即使是水，这种简单、清晰、明确的需求，世界上身体缺水的仍大有人在，更不要说那些看不见摸不着的蛋白质、氨基酸、维生素和微量元素了。因此，人体并不一定有足够原材料去生产细胞以满足DNA规定的目标，同时，人体也不一定有足够原材料以应对身体活动的需求，生命管理系统必须把有限的营养物质资源用到最需要的地方，计划管理系统必须找到需要优先制造细胞的位置。

在人体成长期，DNA中细胞生产大纲对制造特殊细胞也是有时间限定的，最典型的是骨细胞，在人体青春期时计划管理系统会优先安排生产骨细胞，青春期期间骨细胞生产有较高的优先级。

7. 生命成长标准数据库有了，生命成长实时数据库有了，生命成长的实时数据与标准数据的差额算出来了，人体平衡数据算

出来了，细胞生产的优先级也算出来了，万事俱备，计划管理系统开始制订细胞生产标准计划。

8. 计划管理系统在下达细胞生产计划前，先要检查细胞生产能力，配置相应的干细胞生产计划，确保总目标得以实现。

9. 完成细胞生产作业计划并交付使用。

（三）人的维持阶段

我们选定的时间点为30周岁。

人体在维持阶段表明人的各个器官已经成形，产品制造已经完工。即使此时的人体与DNA中父母遗传的人体标准有不同，但已经不能再改变，最典型的就是身高，正常人确定是不会再长高了。

在人的维持阶段，生命管理系统的主要目标是应对环境变动对人体生命的影响。这时DNA中的人体标准已完成其历史使命，取而代之的是生命成长标准调整数据库。生命成长标准调整数据库是此时此刻生命管理系统认为人体应该保持的样子，计划管理系统以此标准来控制人体成长。

在人的维持阶段，生活环境对人体生命具有巨大的影响，生命管理系统将适时调整生命成长环境数据库，维持人体生命的正常运行。

人的维持阶段计划管理系统工作流程：

1. 计划管理系统打开人体时间、日历数据库，读取当时的人体生命长度数据。

2. 计划管理系统打开生命成长标准调整数据库，建立一个以人体生命长度数据为时间点的生命成长标准数据库（A）。

3．计划管理系统打开生命成长实时数据库，建立一个以人体生命长度数据为时间点的生命成长数据库（B）。

4．计划管理系统逐项比对数据库（A）和数据库（B）中的数据，找出数据库（A）和数据库（B）的误差，即发现现在的人体和调整后的标准人体之差，建立一个临时数据库（C），为下一步制订详细制造细胞计划提供基础数据。

5．计划管理系统打开人体项目数据库、生命周期数据库和临时数据库（C），计算出下一步要制造细胞的优先级，即将所有要制造的细胞排出一个优先级别的顺序。建立以人体生命长度数据为索引值的人体细胞生产优先级数据库（E）。

6．计划管理系统根据制造细胞的优先级排序和需求数量，制订细胞生产标准计划。

7．计划管理系统打开生命成长实时数据库、库存数据库、细胞属性数据库和人体项目数据库，根据细胞生产标准计划检查干细胞的配置情况，制订相应的干细胞生产计划。

8．计划管理系统制订详细的细胞生产作业计划，检查无误后转给计划执行系统（细胞生产制造管理系统）。

人的维持阶段工作流程说明：

1．对于计划管理系统而言，读取当时的人体生命长度数据是必需的。这个时间值是此时此刻制订下一步细胞生产计划的依据。

2．计划管理系统获取人体年龄数据后，形成那个时刻的生命成长标准数据库。

3．计划管理系统获取人体年龄数据后，同时打开生命成长实

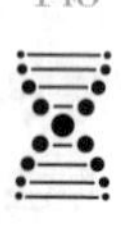

时数据库，获取那个时间点的生命成长实时数据库全部内容，加上人体年龄数据，建立那个时间点的生命成长数据库。

4．数据库（A）和数据库（B）的结构完全相同。计划管理系统逐项比对数据库（A）和数据库（B）中的数据，找出误差，即发现现在的人体和调整后的标准人体之差。正常情况下，（A）-（B）的数值就是计划生产细胞的数值。比较数据的同时建立一个临时数据库（C），存储计算出来的误差值，为下一步制订细胞生产计划提供基础数据。

5．30周岁时，人体维持生命的原材料（营养）完全由本身的消化系统供应。通常情况是部分原材料供过于求和部分原材料供不应求，整体营养不够均衡。原因有多种多样：最大可能是某一种或数种食物摄入过多或不足，摄入食物营养不均衡；第二受地区自然属性限制，食物中天然含有的某些元素过量或不足；第三人体活动是由大脑决定的，大脑并不知道人体本身储存有多少营养物质（原材料），因此人体活动后会导致某种营养物质（原材料）的缺失，需要事后补充。总而言之，30周岁的人每天活动内容不同，人体对营养物质的需求也会不同。活动时，人体消耗的是库存营养物质，活动量大时，人体甚至会越过安全库存线消耗某些营养物质。因此，人体并不一定有足够原材料去生产细胞以维持人体标准，同时，人体也不一定有足够原材料满足恢复身体活动的需要。当然，消化系统也会获取过度的营养物质（原材料），大大超出维持生命的需求。生命管理系统必须把这些营养物质资源用到最需要的地方并建立库存，计划管理系统必须找到需要优先制造的细胞位置。

在人的维持阶段，计划管理系统不再控制人体结构的平衡，很多细胞的生产是为人体生命活动而服务的，而且其优先级会高于其他细胞的生产。例如开始参加健美锻炼的人，练习哪里，哪里的肌肉就会长得快一些，即由于那里的肌肉运动，肌肉细胞有增加的需求，生命管理系统及计划管理系统将优先安排肌肉细胞的生产。在人的维持阶段，人左右手的大小、左右臂膀的粗细、左右腿的粗细不一致是可能的，需要人自行调节。

6. 生命成长标准数据库有了，生命成长实时数据库有了，生命成长的实时数据与标准数据的差额算出来了，细胞生产的优先级也算出来了，万事俱备，计划管理系统开始制订细胞生产标准计划。

7. 计划管理系统在下达细胞生产计划前，先要检查细胞生产能力，配置相应的干细胞生产计划，确保总目标得以实现。

8. 完成细胞生产作业计划并交付使用。

（四）人的衰老阶段

我们选定的时间点为70周岁。

衰老是人类最早开始研究的课题，也是人类最想出成果的课题，希望将自己的生命有限地延长。结果大家知道，衰老是最没有研究成果的课题，几千年来，人类平均寿命的延长，都是拜环境改变所赐，但最长寿命并没有发生变化。

衰老分为两类：生理性衰老和病理性衰老。生理性衰老是指人体器官成长到成熟顶点后逐步退化的生理性过程。病理性衰老是指因疾病、环境所导致的人体器官退化。目前，人类致力于研究解决的是病理性衰老，开发研究新的医疗器械、开发研究新

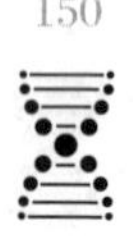

药、治理环境污染、提高食品安全，硕果累累。但生理性衰老的研究似乎还停留在论文阶段，少有建树。

据专家统计，科学家们已提出了300多种人体衰老的理论和假说，百家争鸣、百花齐放。看起来热热闹闹，但它说明了一个问题：就是还没有找到令所有人信服的结论。

在众多的衰老理论中有一个与我们的观点相近，它被称为基因编程理论。基因编程理论认为，衰老并不是一个随机的过程或结果，而是由基因调控的，我们从什么时候开始老化及老化速度是由基因决定的。换句话说衰老是命中注定的，一切都存放在个人的DNA中。这与我们DNA中存放有生命周期模型，衰老由生命管理系统控制管理的推论是一致的。

人体进入衰老阶段表明人的各个器官都在逐步老化，这和通常的产品老化不同。产品老化指的是随着时间的推移或使用次数的增加，产品的材料或器件老化，导致产品老化、性能下降。它是一种被动的老化。而人体衰老不同，病理性衰老是细胞、器官被动性老化；生理性衰老是细胞、器官主动性老化，是生命管理系统根据人的生命周期模型强制细胞、器官老化，进而实现人体衰老直至停止生命的进程。

在人的衰老阶段，生命管理系统的主要目标是让人体各个器官逐步衰老，衰老进程由DNA中的生命周期模型决定。大家熟知的体力下降、视力下降、听力下降、记忆力下降等各种人体功能的下降，除了病理性衰老的作用外，其他都是生命管理系统的“杰作”，而根源则是人体DNA中的指令。

在人的衰老阶段，生命管理系统将根据DNA中的指令停止或延缓某些细胞的生产及加工。最典型的就是精子的生产和卵子的加工，随着生命长度的增加和衰老阶段的到来，精子和卵子的生产加工能力愈来愈弱，直到停止生产和加工。DNA的指令也控制着生命成长标准调整数据库，使人体系统向着衰老的方向前进。我们可以这样认为，在人的成长阶段，DNA控制着人体向强壮的方向发展；而在人的衰老阶段，DNA控制着人体向虚弱的方向发展。生命成长标准调整数据库仍然是此时此刻生命管理系统认为人体应该保持的样子，计划管理系统以此标准来控制人体成长。

在人的衰老阶段，生活环境对人体衰老具有巨大的影响，良好的生活环境、良好的生活习惯和良好的生活态度会大大地减少人的病理性衰老，使人体沿着生理性衰老轨迹正常地衰老，获取最长的生命长度。生命管理系统将适时调整生命成长环境数据库，维持人体生命的正常运行。

人的衰老阶段计划管理系统工作流程：

1. 计划管理系统打开人体时间、日历数据库，读取当时的人体生命长度数据。

2. 计划管理系统打开生命成长标准调整数据库，建立一个以人体生命长度数据为时间点的生命成长标准数据库（A）。

3. 计划管理系统打开生命成长实时数据库，建立一个以人体生命长度数据为时间点的生命成长数据库（B）。

4. 计划管理系统逐项比对数据库（A）和数据库（B）中的数据，找出数据库（A）和数据库（B）的误差，即发现现在的人体和调整后的标准人体之差，建立一个临时数据库（C），为下一步制订详细制造细胞计划提供基础数据。

5. 计划管理系统打开人体项目数据库、生命周期数据库和临时数据库（C），计算出下一步要制造细胞的优先级，即将所有要制造的细胞排出一个优先级别的顺序。建立以人体生命长度数据为索引值的人体细胞生产优先级数据库（E）。

6. 计划管理系统根据制造细胞的优先级排序和需求数量，制订细胞生产标准计划。

7. 计划管理系统打开生命成长实时数据库、库存数据库、细胞属性数据库和人体项目数据库，根据细胞生产标准计划检查干细胞的配置情况，制订相应的干细胞生产计划。

8. 计划管理系统制订详细的细胞生产作业计划，检查无误后转给计划执行系统（细胞生产制造管理系统）。

人的衰老阶段工作流程说明：

1. 对于计划管理系统而言，读取当时的人体生命长度数据是必需的。这个时间值是此时此刻制订下一步细胞生产计划的依据。

2. 计划管理系统获取人体年龄数据后，形成那个时刻的生命成长标准数据库。

3. 计划管理系统获取人体年龄数据后，同时打开生命成长实时数据库，获取那个时间点的生命成长实时数据库全部内容，加上人体年龄数据，建立那个时间点的生命成长数据库。

4. 数据库（A）和数据库（B）的结构完全相同。计划管理系统逐项比对数据库（A）和数据库（B）中的数据，找出误差，即发现现在的人体和调整后的标准人体之差。正常情况下，（A）-（B）的数值就是计划生产细胞的数值。比较数据的同时建立一个临时数据库（C），存储计算出来的误差值，为下一步制订细胞生产计划提供基础数据。

5. 70周岁时，人体维持生命的原材料（营养）完全由本身的消化系统供应。通常情况是部分原材料供过于求和部分原材料供不应求，整体营养不够均衡。原因有多种多样：最大可能是某一种或数种食物摄入过多或不足，摄入食物营养不均衡；第二受地区自然属性限制，食物中天然含有的某些元素过量或不足；第三人体活动是由大脑决定的，大脑并不知道人体本身储存有多少营养物质（原材料），因此人体活动后会导致某种营养物质（原材料）的缺失，需要事后补充。总而言之，70周岁的人每天活动内容不同，人体对营养物质的需求也会不同。活动时，人体消耗的是库存营养物质，活动量大时，人体甚至会越过安全库存线消耗某些营养物质。因此，人体并不一定有足够原材料去生产细胞以维持当前的人体标准，同时，人体也不一定有足够原材料以恢复身体活动的需要。当然，消化系统也会获取过度的营养物质（原材料），大大超出维持生命的需求，生命管理系统必须把这些营养物质资源用到最需要的地方并建立库存，计划管理系统必须找到需要优先制造细胞的位置。

在人的衰老阶段，计划管理系统不再控制人体结构的平衡，很多细胞的生产是为人体生命活动而服务的，而且其优先级会高于其他细胞的生产。

6. 生命成长标准数据库有了，生命成长实时数据库有了，生命成长的实时数据与标准数据的差额算出来了，细胞生产的优先级也算出来了，计划管理系统开始制订细胞生产标准计划。

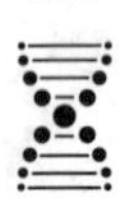

7. 计划管理系统在下达细胞生产计划前，先要检查细胞生产能力，配置相应的干细胞生产计划，确保总目标得以实现。

8. 完成细胞生产作业计划并交付使用。

（五）其他计划

上面讲的是生命管理系统中人体细胞、组织、器官的生产计划模块。通常一家生产企业有“人、财、物、供、产、销、存”七大要素，对应的就会有人力资源计划、财务计划、固定资产计划、物资（原材料）供应计划、生产计划、产品销售计划和库存计划，其他一些小的专项计划略去。生命管理系统的计划管理系统在管理着生产计划的同时，还管理着人力资源（细胞）计划和固定资产（器官）计划，因为生产计划的目标就是实现人力资源计划和固定资产计划。换句话说，在人体的生产过程中，生产计划、人力资源计划和固定资产计划是三位一体的。库存计划也归生命管理系统管理。务实地说，当前人体内的一切都是人的库存，除了细胞、组织、器官以外，各种元素、微量元素、细菌、生物也算人的库存。生命管理系统要控制所有库存项目的库存量，其中一定有最大库存、最小库存及安全库存的指标。典型的事例是人体受伤流血、献血，甚至体检验血，当生命管理系统检测到人体内血液总量减少时，就会启动造血功能制造血液补充，直到血液总量正常（符合库存量标准）。另一个事例是水，当人体因活动、运动等导致体内水不够时，生命管理系统会发出口渴等缺水信号，请求补充水；反之，人饮水过多，超出人体正常需求时，生命管理系统会控制将水排出体外，出汗和尿液都是快速排出体内水分的方法。在这里，生命管理系统控制的目的很简单，就是让人体内的血或水保持一定的库存量。

物资（原材料）供应、产品销售和财务这三大要素不归生命管理系统管，原因很简单，这是人体外部的事情，生命管理系统管不着，应该归大脑管理。比如说，人体对外（产品销售）只有智力输出和体力输出，大脑指挥人体和其他人打架，流了很多血，生命管理系统完全管不住，只能被动地接受流血的结果。

既然七大要素中的三个要素（供、销、财）归大脑管理，而且其中的“供”直接制约着“产”，那么是否大脑聪明的人就比大脑愚笨的人长得更好一点？寿命更长一点？生活得更好一点？理论上讲应该是这样，但实际情况未必，这大概是我们长期缺乏人体健康教育的结果吧。

五、生命管理系统的计划执行子系统

前面我们研究了生命管理系统怎样制订细胞生产计划，现在我们来研究细胞生产计划的执行。

（一）生产计划

上一节我们研究了计划管理系统制订细胞生产计划的步骤，但留了一个尾巴：未论及人体细胞生产计划本身。因为它的范畴太庞大、内容太复杂，不管是用中文，还是用其他语言它都不是一本书就能研究透彻表述清楚的。因此，我们只能站在执行的角度来看细胞生产计划。

要执行一个计划，首先要知道这个计划有多大。人是一个系统，生命管理系统对人体是全系统管理，事无巨细，面面俱到。从头到脚，人体60万亿个细胞都在生产计划管理的范围内。

我们已经知道人的成长期大约在18岁结束，这意味着在18年里至少制造了60万亿个细胞，简单计算一下：

60万亿/18/365=91亿（个细胞）

即平均每天生产91亿个细胞，加上死亡、损耗的细胞，每天生产100亿个细胞是有可能的。基于18年里细胞总数是逐步到60万亿的，其间还有几次高速增长期，每天制造生产的细胞数量并不是固定不变的，所以难以进行定量计算。因此我们以一个处于维持期的成年人为模型，计算他每天对细胞生产的需求量。

假定一个成年人由60万亿个细胞组成，他的身体每天都在吐故纳新、新陈代谢。因为有生命成长标准调整数据库的存在，生命管理系统要维持人体的现状，有多少细胞死亡，就必须补充多少细胞。因此，细胞死亡数量就是细胞生产管理系统每天计划要开工生产的新细胞数量。

根据联合国的统计，2021年全世界人口总数约75亿人，每年死亡约5500万人，死亡率约千分之七。人是由细胞组成的，所以我们用世界人口的死亡率来代入计算细胞的死亡率：

60万亿×0.007/365=11.5亿（个细胞）

根据计算得出，成年人每天要死亡约11.5亿个细胞，所以细胞生产管理系统每天要生产约11.5亿个细胞。

由此我们得出了细胞生产计划的大框架：为确保细胞总量维持在60万亿左右，需要每天生产11.5亿个细胞去更新替换死亡的细胞，哪里缺少补哪里，哪里需要补哪里。

这11.5亿个细胞不是单一品种的东西，细胞种类有几百种之多，生命周期长短不一，制造周期也长短不一，安放位置各不相同，每天生产的数量都不一样。况且这还不包括成年人经常会输出大量的细胞，比如说精子，一次射精的数量在四千万左右，这些细胞也需要正常补充。

人体细胞都是干细胞造出来的，而且是一个一个造出来的，干细胞就是制造细胞的工作母机，这表明细胞生产计划要直接下达到干细胞。制造细胞不是一个简单的体力活，光是看DNA复制就知道，那是万分精密的！错一点就可能影响子孙后代。如果被制造的是干细胞，那除了要造出它的功能与肉身外，还要赋予它识别号码、存入库存数据库的功能，以便它接受制造新细胞的指令，制造下一个新细胞。因此制造一个细胞是需要时间的，估计要以小时计。

很多细胞不是造出来就能用的，必须经过培养、强化到成熟，处于制造期的未完成细胞也可以称为“在制品”。举两个例子：卵子和精子。卵子应该算是在制时间非常长的细胞了，从胚胎期原始卵泡形成开始，到成熟卵子排出，在制时间短则十几年，长则几十年。精子从精原细胞、初级精母细胞到精子的生产制造完工，全过程约80天。换句话说，一个精子在成熟前，有79天是“在制品”。人体内的精子细胞制造数量应该算很大的，每天几千万数量的细胞输出，再乘以在制天数，在制品生产线上每天就有几十亿个精子在生产，这是需要消耗很多资源和精力的。站在生产管理的角度上讲，卵子生产叫作单件生产（正常情况下）；精子生产叫作大批量生产。但不管哪种生产类型，都有相应的生产计划，在制品生产线上每天仅精子就有几十亿个细胞在加工，这个计划很庞大。

人体中每天还有许多小批量（相对而言）的细胞要生产，大家能看得见的有头发、指甲，天天都在长。人体中还有许多大家看不见的天天都要生产的细胞，例如骨细胞，用来维持骨骼的更新和重塑。这些细胞的生产类型可以称为多品种小批量生产。

总结一下细胞生产计划的执行情况：

1. 人体细胞生产计划要保证每天制造出11.5亿个细胞，才能维持人体生命的正常成长。

2. 人体细胞生产类型有单件生产、多品种小批量生产和单一品种大批量生产。（附带说一下：现在世界上的生产也就是这三种类型。）

3. 人体细胞是由干细胞一个一个造出来的，因此，人体细胞生产计划必须向11.5亿个干细胞下达生产细胞的指令。

4. 很多人体细胞刚造出来时是不成熟的，需要经过培养、再加工，直到成熟后才能发挥作用，未成熟的细胞可称为“半成品”细胞或“在制品”细胞。

5. 人体细胞的生产周期是不同的，长短不一，人体内会有大量的半成品细胞处于在制品生产线上，其数量可能是11.5亿的数十倍，几百亿总会有的。

6. 新开工生产的细胞数量是11.5亿个，加上在制品生产线上的所有在制细胞，总数几百亿个细胞就是细胞生产计划中的管理对象。

7. 在细胞生产中，细胞既是劳动者，又是劳动资料，还是劳动对象。

人是各种细胞的集合体。60万亿个细胞处于相对平衡状态，构成了一个细胞帝国，组成了一个人。因此，人就是一个细胞生产工厂，拥有60万亿个细胞（员工加工作母机），每天至少生产11.5亿个细胞（产品），这个工厂规模是相当地大，堪比宇宙级。

没有对比，就不知细胞生产工厂之大。放在当今世界，60万亿是现在世界总人口75亿的8000倍，11.5亿则近似中国、印度的总人口，生命管理系统精准地确定着每一个细胞的死亡，再决定着每一个细胞的生产，这是一个多么庞大复杂的生产计划啊！笔者绞尽脑汁也没有想出一个可以与之匹敌的类似计划。

（二）生产组织

生产组织是指为了确保生产的顺利所进行的各种人力、设备、材料等生产资源的配置。在本书的语境中，生产组织是指为了确保细胞生产的顺利所进行的各种干细胞的配置。

生产组织是生产过程组织和劳动过程组织的统一。生产过程组织是指工厂总体布局、设备布置、工艺流程和工艺参数的确定等等，劳动过程组织是指劳动者之间的分工。

生产过程组织包括空间组织和时间组织两项内容：

生产过程的空间组织是指在一定的空间内，合理地设置工厂内部各基本生产单位，使生产活动能高效地顺利进行。生产过程的空间组织有两种典型的形式：工艺专业化和对象专业化。

工艺专业化。工艺专业化又称为工艺原则。它是按照生产过程中各个工艺阶段的工艺特点来设置生产单位。在这种生产单位内，集中了同种类型的生产设备和同工种的工人，完成各种产品同一工艺阶段的生产。每一生产单位只完成产品生产过程中的部分工艺阶段和部分工序的加工任务。

对象专业化。对象专业化又称为对象原则。它是按照产品的不同来设置生产单位。在对象专业化生产单位里，集中了不同类型的机器设备、不同工种的工人，对同类产品进行不同的工艺加工，能独立完成一种或几种产品的全部或部分的工艺过程，而无需其他的生产单位介入。

人体细胞生产过程的空间组织绝大部分遵循对象专业化原则。它是按照不同器官和不同位置来配置干细胞的种类、位置和数量。在每一个器官中，根据DNA中人体结构数据库的规定，生产制造（配置）相应种类的干细胞，确保它们能生产各种类型的细胞，独立完成器官的生产制造、使用和维护。

我们以器官肝脏为例，生命管理系统会根据DNA的数据在相应的位置处配置生产肝细胞的干细胞和生产血管的干细胞，但不会配置生产肌肉细胞的干细胞和生产骨细胞的干细胞。肝脏由多少种细胞组成，生命管理系统就会给它配置多少种干细胞，既不多，也不少，完美契合肝脏的细胞需求。

但精子生产属于例外，在大范围内，可以说精子细胞生产过程的空间组织采用对象专业化形式，但其具体生产过程的空间组织则遵循了工艺专业化的原则，睾丸、生殖管道、附属腺及外生殖器各司其职，进行流水作业，共同完成精液的生产。

生产过程的时间组织是指在产品生产过程中有序调配各工序之间的移动方式。生产过程时间组织的目标是节约时间，缩短产品生产周期。人体细胞的生产制造时间基本上由DNA确定，干细胞坚决执行，因此，人体细胞的生产制造与生产过程的时间组织没什么关系。

（三）执行计划

执行计划，通俗地说就是安排生产，上升到管理理论层面就是计划、组织、指挥、控制、协调的后三项：指挥、控制和协调。

在人体这样一个系统里，计划管理子系统给出的细胞生产计划一定是非常详细的、可执行的、精确到具体器官的、落实到每一个干细胞的，但这个计划的完成时间难以确定，因为原材料供应与生产计划不一定能衔接上。原材料供应（今天吃什么？吃多少？）是由大脑决定的，计划管理系统不知道，执行管理系统也不知道。假定细胞生产计划中要生产骨细胞，但人体中缺钙，原材料供应（饮食）中也没有钙，那这个生产骨细胞的计划就无法完成。

我们知道氨基酸、蛋白质是人体细胞生产的重要原材料，全部来自食物，各种食物通过消化系统化身为制造细胞的原材料后，经血管输送到全身各处。于是，血液中的原材料会出现以下几种情况：

1. 血液中的原材料刚好满足细胞生产计划的需求。细胞生产计划完成后，血液中的原材料也刚好用完，这是理想的原材料供应状态，计划执行系统最省事，只需要指挥完成细胞生产计划，控制和协调就免了。

2. 血液中的原材料超过细胞生产计划的需求。细胞生产计划完成后，血液中的原材料还没用完，这是次理想的原材料供应状态，计划执行系统在完成当前细胞生产计划后，需要检查库存数据库，看看哪些细胞需要补充库存量，这时候就需要在各个器官

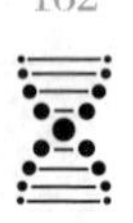

之间协调与控制了。

3．血液中的原材料数量不够，不能满足细胞生产计划的需求。这个时候计划执行系统的作用就显示出来了，它要按优先级把最重要的细胞挑出来优先安排生产，然后降序排列，直到把原材料用完，如果库存也没有材料，就只能停工待料。皮肤细胞可能是排在很靠后的，首先皮肤对于生命而言不是那么重要，晚一些再更新置换没什么问题，其次皮肤离血管（原材料供应通道）也太远，等血液流到皮肤时，原材料早被前面的干细胞用完了。因此，某人的营养不好，皮肤肯定就差。

4．极端情况1，血液中没有原材料，即没有食物供给。巧妇难为无米之炊，计划、组织、指挥、控制、协调完全用不上，生命管理系统无能为力，细胞生产全面停止，时间长了，人体生命会逐步走向凋亡。

5．极端情况2，血液中有充足的原材料，但没有细胞生产计划。计划执行功能完全没有用武之地，这意味着人体已经走到了生命的尽头，根据DNA的指令，生命管理系统的计划管理子系统将不再制订细胞生产计划，结束这个产品的制造与维护。

血液中的原材料，俗称“营养”，学名叫“氨基酸”。制造人体细胞的原材料有很多种，所以，氨基酸就有很多种。各种氨基酸在血液中的含量是不一样的，在实际的细胞生产制造过程中，对各种氨基酸使用需求量肯定也不一样。因此，血液中的氨基酸一定有供不应求和供过于求的，上述第三种情况应该是常态，计划执行系统必须保证优先级别高的细胞优先生产，这话说起来简单，做起来就十分困难了。

人体血管遍布全身，如果将所有的血管连成一条线，有10万公里长。无论粗细，里面流动的血液都是一样的。现在的问题是，心脏不管三七二十一，无差别地把混合了氧和氨基酸的血液送往全身各地，各处的干细胞嗷嗷待哺，急于求食。那么计划执行系统怎样保证要优先生产的细胞优先获取这些原材料，而使优先级别低的细胞处于等待状态呢?

在一般的生产管理中，只要把人力、设备、原材料以及动力、能源配置给生产中的急件，就解决了优先级的问题。但人的细胞生产不一样，只要血液流过来，原材料送到身边，处于等待状态的干细胞想干活是可以立刻干的，但它不能干。毫无疑问，干细胞是否生产细胞，须等待生产计划执行系统的生产指令，而生产计划执行系统就像工厂的总调度一样，它让谁生产，谁才能生产。

生命管理系统的生产计划子系统把制订好的细胞生产计划以数据库的形式转给计划执行子系统。

首先，计划执行子系统将完整的细胞生产计划细分为各个器官的细胞生产计划，然后按优先级排队，哪个器官最重要或损坏最严重，其优先级最高，最先安排生产；其次，维护一个器官会有多种细胞要生产，计划执行子系统要为这个器官制订一个综合性的平衡生产计划，确保这个器官整体均衡地被生产或修复；最后，计划执行子系统要制订一个细胞生产计划的执行计划（顺序生产计划），然后按照执行计划的顺序（优先级）向干细胞发出生产指令。计划执行子系统顺序发出的生产指令中间隔多长时间呢？笔者想应该是相关干细胞获得生产细胞的指令后，立刻从

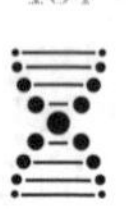

血液中收集原材料（氨基酸或营养）供生产细胞使用，收集完毕后，计划执行子系统才会发出下一条细胞生产指令，以确保上一条指令中的细胞能得到全部生产。由此也可以看出，优先级排在最后的细胞很可能得不到相关的原材料，从而被迫停工待料，导致人体出现某种不适或疾病，因此不按时吃饭和偏食都会影响身体健康，会导致不良的后果。

六、生命管理系统的监控管理子系统

“监控”这个词在《现代汉语词典》（第7版）的解释为：监测和控制（机器、仪表的工作状态或某些事物的变化等）。

我们通常看到的监控系统又称为闭路电视监控系统，广泛用于道路和建筑物内外，是一套把摄像头拍摄到的实时影像传输到控制中心显示并记录下来保存到存储介质中的软硬件设备，是管理人员通过观察显示屏中的影像监测管理对象，对异常情况进行处理和控制的系统。人体监控管理系统比它高级太多了。

（一）人体正常状态的监控

有生命的人体每时每刻每分每秒都处于一种确定的状态：静止或运动。静止可以分为睡觉、静坐、站立等姿势，运动则可以有全身运动、局部身体运动和脑力劳动，形态千变万化。人的监控管理系统将为适应人体每一个确定的状态做出调整，使各器官能够适应人体状态的变化。

人的监控管理系统通常会面对来自身体外部和身体内部两方面的变化。

身体感受外部的变化较简单，无非是天气的变化。天气冷了，大脑发指令多穿保暖的衣服。天气热了，大脑发指令少穿衣服、寻找阴凉的地方。对于身体外部的环境变化，人的监控系统只能被动地适应调整，靠大脑指挥做好各种防护措施。

对于身体内部的变化，监督控制管理就复杂多了。

首先，监控管理系统根据人体运行数据库的参数要将人体内部环境调整到一个理想的状态，其中最主要的有人体温度、人体血压、人体内血液总量、血液内的含氧量、人体内含水总量等直接影响人生命状态的参数，其他如胃液、胆汁、微量元素等一切与生命成长有关的物质都在控制调整范围之内。

其次，在人的正常生活状态（不紧张的生活状态）下，监控管理系统监督测量身体内的各种参数是否与人体运行数据库的参数一致或在合理的范围内，如有偏差，就把它纠正过来。此时，监控管理系统的主要任务是全身体温的维护、血液流向的分配和水的补充。

最后，在人的紧张思考或工作或运动状态下，监控管理系统将根据人体实际状况做出相应的辅助调整。比如说人在考试时，无论考试的科目是语文、数学还是物理、化学，监控管理系统都会把血液大量地输送到大脑里，若大脑感觉血液不够，监控管理系统还会增加心跳次数、提高血压以满足大脑供血的需要。同理，人在进行100米短跑比赛时，监控管理系统会把血液大量地输送给相应的肌肉，若肌肉感觉血液不够，监控管理系统也会增加心跳次数、提高血压以满足肌肉供血的需要，只是最大供血量不会超过训练时的需求水平，即本人供血的极限。

在监控系统管理下，人体内的血液总量基本是一个常量，小

范围上下波动。一旦遇到紧急状况，血液被大量输送到某一个器官时，其他器官必然会缺血，甚至会停止运作来面对这种情况，人体短时间还可以应对，但时间过长就会受到伤害。许多科学家英年早逝，应该和他们用脑过度有关，把血液长时间供应给大脑使用，自然就忽略了其他器官的运作，甚至伤害了其他器官，最后导致了身体机能的不平衡，直至早逝。虽然运动员进行大量训练时肌肉会占用大量的血液资源，但时间不会很长，中间会有间隔期，监控管理系统会适时地进行调整，并不会对其他器官造成很大的伤害，有时还会促进其他器官的成长。

人的监控管理系统反应速度有多快？人被冷风吹一下，浑身立刻起鸡皮疙瘩；人被针刺一下，立刻就感觉到疼痛；人被开水烫一下，也会立即感到疼痛，这就是反应速度，大概在毫秒级。人的监控管理系统是软件，一般情况下，在成熟的控制系统中，软件的处理速度快过硬件的执行速度，否则软件控制不了硬件的执行精度。人体硬件执行速度就是肌肉反应速度，肌肉的运动与血液流动速度有关，血液流动速度与血压有关，血压的高低与心跳速率有关，因此人在剧烈运动时血压高、心跳快。20多岁，是人生命的鼎盛时期，最高心率可达180～220次/分，即3～4次/秒，监控系统的反应速度必须快于这个速率，即至少要快于1/4～1/3秒。有研究统计人体各知觉系统的反应时间：

触觉117～182ms

听觉120～182ms

视觉150～225ms

冷觉150～230ms

温觉180～240ms

嗅觉210～300ms

味觉308～1082ms

痛觉400～1000ms

在人这个系统中，人体监控系统控制全身的体温、支持全身的运动都是通过血液来完成的，血液不仅输送营养物质，还负责排出许多废物，因此只要血液正常流动，身体（器官）就是正常的。人体主要器官都靠近心脏，虽然也有缺血的可能性，但是一般不会有问题（病态除外）。四肢相对远离心脏，供血就可能会成为问题，耳朵、手指、脚趾会生冻疮就是明证。大脑负责脑力劳动，手脚负责体力劳动，大脑获得血液应该很快，因为大脑有四条主动脉供血，离心脏又近。四肢就不行了，离心脏远，血管还细，供血就没那么快。因此人可以进考场就答题，但运动前最好先热身一段时间，将血液充分地输送到四肢，才能比出最好的成绩。

（二）人体意外情况处理

意外情况是指意料之外、料想不到的事件，也指突如其来的不好事件。对于人的生命管理系统而言，人体意外情况通常是指身体受到伤害或生病了。

人体意外情况分为来自身体外部和来自身体内部两方面。可以简单地判断，来自身体外部的就叫外伤，一般有虫兽咬伤、机械损伤及烫伤，发展到现代社会还增加了电击伤、化学药品（包括炸药）致伤、核辐射等，这是古老的生命管理系统不认识的外部伤害，完全不知道怎么办，必须由现代医学来解决。

来自身体内部的意外情况就太多了，举个最普通的例子：

成年人每天要呼吸约2.6万次，每次潮气量约500ml，算下来每天进出肺的气体总量约为1.3万升（13立方米）。国家空气质量标准设定空气质量指数二级（对应空气质量指数51～100）为良，对人体健康无显著影响。空气质量指数测定空气中主要污染物为：细颗粒物（PM2.5）、可吸入颗粒物（PM10）、二氧化硫、二氧化氮、臭氧、一氧化碳等六项。空气质量指数二级对应的细颗粒物（PM2.5）日均浓度为35微克/立方米～75微克/立方米。简单计算一下，每立方米空气中含有主要污染物数十万个。人体每天要吸入空气13立方米，那么在空气质量良好的情况下，每天进入人体的主要空气污染物都会高达数百万个。每一个空气污染物进入人体，对于人的生命管理监控系统而言，都是一个意外情况，都必须处理，我们可以想象监控管理系统的工作负荷有多大!

人的饮食也是生命管理监控系统的重点管控对象。病从口入，水、饮料和食物是导致人体生病的最直接来源，许多细菌和病毒是直接伴随着食物被送入到人体中的。由于细菌和病毒的数量、种类过于复杂庞大，还有好坏之分，这里就不再叙述了。

大家知道一个人的能力是有限的，人的生命管理系统也是这样。当人体遇到的意外情况过于严重时，人就会受伤、生病，若人的生命管理监控系统处理不了这个病时，就要去医院进行治疗，那时生命管理系统就只能当配角了。

（三）监控管理系统的运行

监控管理就意味着实时管理。它就像计算机里的一个主程序，始终在运行中，正常情况下，顺序执行预先安排好的指令，例行检查身体各个器官是否正常，维护其正常运转。遇到意外情况就中断正在执行的程序，转向去执行紧急情况处理程序，解决问题后继续执行正常主程序。人体监控管理系统一定是一个集中型的多任务管理系统，可同时管理多处发生的各种情况，但会有轻重缓急，紧急的事情优先级最高，会排在前面处理。

DNA和生命管理系统为人的监控管理系统准备了两个数据库：人体运行数据库和人体意外情况处理数据库，分别储存人体正常状态和人体意外情况下的各种参数和处理方法，提供给生命监控管理系统参照执行。

人体运行数据库和人体意外情况处理数据库在生命管理系统初始化时都被设定为可读写数据库，即里面的数据可以更新，以适应人体生命成长的需要。这说明人的生命管理系统具有自学习的能力，可以随着人体生命的成长不断更新数据和处理程序。最典型的例子就是免疫系统数据的增加，人出生后会接种各种疫苗以预防传染病，对于生命管理系统而言，每次处理疫苗的过程，都是一次学习识别、消灭这种病毒的过程，这个过程结束后，生命管理系统就学会了怎么对付这种病毒，并将处理过程写入意外情况处理数据库。当人体再次遇到这种病毒时，生命监控管理系统只需从人体意外情况数据库中调出相应的处理程序，按部就班地处理，在最短的时间内消灭病毒，减少人体处于病态的时间。

在人的生命管理系统中，监控管理系统的级别非常高，除可以实时管理所有器官运作外，当遇到意外情况时，可直接下达指令安排生产救急的细胞，拯救生命。

掌握计算机知识的读者都知道，每一台计算机都有操作系统，每一个系统在运行时都有系统日志，系统日志记录系统中硬件、软件的信息，同时监控记录系统中发生的事件。系统日志包括系统运行日志、应用程序日志和安全日志。

在人的生命管理系统中，监控管理系统会将人体一天的各种活动详细地记录在系统日志中，以供其他管理系统使用，这个系统日志是生命成长环境数据库中的一个组成部分。

七、生命管理系统的分析与调整子系统

人的生命管理系统的功能是“让人体处于正常运作状态，适应外界环境，消灭疾病”，目标是使人获取最长的生命长度。这看起来像在管理一家企业。

20世纪70年代，我国为提高企业管理水平和产品质量管理水平，引入了一套全新的科学管理体系“全面质量管理”（TQM–Total Quality Management），当时被称为TQC（Total Quality Control），其中最基本的工作程序是PDCA循环。PDCA循环是美国质量管理专家沃特•阿曼德•休哈特（Walter A•Shewhart）首先提出的，为全世界爱好者普遍使用。

PDCA分别是英语单词Plan（计划）、Do（执行）、Check（检查）和Act（处理）的首字母，PDCA循环就是按照计划、执行、检查、处理的顺序进行质量管理，是循环不止地进行下去的科学程序。

在本章前面的论述中，生产计划管理子系统做了PDCA循环里的P；计划执行管理子系统做了PDCA循环里的D；监控管理子系统控制着人体处于正常运作状态，写出了系统日志，相当于做了

PDCA循环中C的部分工作；现在就轮到检查计划执行情况和发现存在的问题了，这是PDCA循环里的C和A，正好由分析与调整子系统来完成。

生产计划的完成一般有两个特点：一是计划百分之百的完成率低，通常不是无法完成就是超额完成，刚好完成的情况很少，大到国家的国民经济计划，小到只有几十人的工厂生产计划，结果都一样；二是生产计划经常要调整，既有外部环境的影响，也有内部设备完好率和人员变动的影响，不同规模的生产企业都一样。

人的细胞生产也一样，既可能因为原材料（营养）的不确定性，很多细胞生产不出来，完不成计划；也可能因外部环境影响太大，必须调整细胞生产计划。举个例子：某人突发奇想要去健身房健身，指定就练那几块肌肉，健身教练给予指导，使用何种器械，做哪种动作，两小时练下来，腰酸背痛。这种情况对于生命管理系统而言，完全是大脑突发奇想，指挥肌肉去做，不在计划范围之内的事，原定计划中并没有生产这些肌肉细胞的内容，但生命管理系统又必须支持人体能够适应这种外部环境变化，于是调整细胞生产计划，增加那几块肌肉细胞的生产势在必行。

生命管理系统的分析与调整子系统从系统日志中调出人体一天的所有活动情况，对特殊状况重点分析，确定解决方案。如针对上述健身锻炼导致的肌肉增长需求，就需把生产相应部位肌肉细胞任务的优先级提高，提供给生产计划管理子系统参考，在下一次生产计划中优先安排。这种情况坚持许多天、重复很多次，相应部位的肌肉自然会长大、长结实！

全世界的正常人每天都要睡一次觉。有没有人两天睡一次觉的？好像没有。即使居住在地球北极圈内的因纽特人也是每天睡觉，这说明睡觉的周期与地球自转一周的时间有关，而与白天时间长短无关。由此我们可以推论：自然界的一天是人体生命运转的一个最小周期或基本周期。

PDCA循环中的P、D、C、A是一个顺序执行的过程，每一个过程都必须占用一定的时间，相互可能重叠。根据人睡醒起床后是精力最好的时候来判断，起床时应该是D（Do）阶段的开始；那么往前推，睡眠就是P（Plan）阶段；再往前推是上一个PDCA循环的A（Act）阶段。由于使用PDCA循环的场景不同，很多人把A解释为Analyse，中文释义为“分析”，似乎更确切，笔者认为在这里也是用Analyse（分析）比较好，分析与调整子系统在检查完系统日志和生命成长环境数据库后，将分析P和D，即生产计划存在的缺陷和执行存在的问题，给出新的解决方案，为编制下一个PDCA循环中的细胞生产计划提供参考。

通常，分析事情需要两个前提：首先是前面的工作做完了，已经有了结果，对结果进行分析；其次是分析时的环境要比较稳定，动作变化较少，不会干扰分析进程。因此A（分析）也应该是在人体睡眠阶段进行的。

现在，我们得到了生命管理系统对人体管理过程的一个轮廓，人开始睡觉时，分析与调整子系统先检查上期细胞生产计划的执行情况，分析存在的问题；然后检查人体一天（清醒时）的活动情况，分析需求和存在的问题，给出新的解决方案，提供给计划管理子系统使用，完成了PDCA循环的C过程和A过程。

随后生产计划管理子系统根据DNA和所有能获得的人体信息编制新的细胞生产计划，这是一个新PDCA循环的P过程，新计划编制完成后，人大概就睡醒了，开始执行新计划（D过程）。人在清醒期间，大脑管理人体的所有外部活动，包括脑力劳动、体力劳动、饮食和无所事事；生命管理系统管理着人的内部活动，监控管理系统随着人体外部活动的变化调整人体各器官的功能，使之适应人体外部活动的需求，计划执行系统则努力地完成细胞生产计划。

周而复始，一个PDCA循环接着下一个PDCA循环，生命管理系统遵循着科学的程序，指挥人体随时间前行，获取最大的生命长度。

睡眠、工作、吃喝玩乐构成人体生命过程的一个日循环，几万个小循环构成了人体完整的生命周期，若重视生命，请生活好每一天和睡好每一觉。

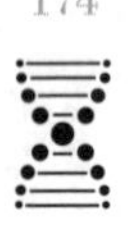

|第六章|

生命过程的质量管理

一、问题的提出

人的生命管理系统是人的内部管理系统，站在计算机管理系统的角度看，这个系统已经是最高级、最复杂的管理系统了，世界上无任何系统能出其右。仅就管理对象而言，60万亿细胞就是个天文数字，关键它们还都是活的，要吃喝拉撒睡、干活和更新。当人遇到危险时（比如说遇到老虎），大脑指挥身体运动：跑、躲避、拿枪，生命管理系统管的却是血液流动分配、增加血压和心跳、分泌（制造）各种激素，身体的运动完全要在生命管理系统的后勤支持之下才能顺利完成，由此可见，生命管理系统管理能力之高，无可匹敌。

人的生命管理系统最大缺陷是它与人的大脑之间无法进行实质性沟通，人的生命管理系统在管理人本身时发现各种问题都难以通过大脑去解决。举个例子，生命管理系统下达生产计划要制造骨细胞，但人体（血液）中缺少钙物质，需要补充钙，生命管理系统却无法把这个需求告诉大脑，当天的食物（及以后的食物）中是否含钙完全取决于大脑对食物的喜好，如不含钙或缺钙，长此以往，骨细胞造不出来或数量不够，这个人就会骨质疏松，进而影响骨骼健康。对此生命管理系统一点办法也没有，关键是大脑也完全不知情。由此可以看出，人的生命管理系统必须在外界条件支持下才能保障人体的生命质量。这件事不能靠大脑（脑细胞），而是要靠大脑学习建立生命过程质量管理的知识。

一百多年前，当人们还是依靠手工或简单机械（工具）制造产品时，产品质量主要靠劳动者本人的技艺水平和经验来保证。当多个工人进行批量生产作业时，产品质量参差不齐、一致性不好、废品率高、浪费是肯定的。人类的身体健康管理也不例外，身体健康主要靠自己的经验和营养知识来保证。高中同一班学生的身体健康状态一定是参差不齐的，一致性不好，高矮胖瘦各具特色，非经特别挑选，他们肯定组不成一支仪仗队；同一个老师教出来的学生，学习成绩相差之大，足以让有些家长怀疑人生，而他们却都是一群年龄相仿的父母精心制作的产品。

20世纪初，随着科学技术的发展、产品生产规模的扩大和产品复杂程度的提高，质量管理应运而生。在经历质量检验阶段、统计质量控制阶段后，目前已进入全面质量管理阶段。人们把注意力从产品的一般性能发展到注重产品的耐用性、可靠性、安全性、维修性和经济性等方面，采用一切先进的科学技术、工具和方法，使质量管理工作产生了一个飞跃，并在1987年催生出ISO 9000系列国际质量管理标准。全面质量管理（TQM）已成为世界500强企业获得核心竞争力的管理战略，更有人提出“未来的世纪是质量的世纪”。

ISO 9000族标准是国际标准化组织（ISO）为适应国际经济技

术交流和国际贸易发展需要而制定的质量管理和质量保证标准，现已有100多个国家采用，其要求之高、管理之细，有兴趣的读者可以找来看看，本书的篇幅不够，不再详述。

关注全人类健康的世界卫生组织（WHO）是联合国下属机构，也是国际上最大的政府间卫生组织。WHO对人体健康的定义细则包括：

1．有充沛的精力，能从容不迫地担负日常生活和繁重工作，而且不感到过分紧张与疲劳；

2．处事乐观，态度积极，乐于承担责任，事无大小，不挑剔；

3．善于休息，睡眠良好；

4．应变能力强，能适应外界环境的各种变化；

5．能够抵抗一般性感冒和传染病；

6．体重适当，身体匀称，站立时，头、肩、臂位置协调；

7．眼睛明亮，反应敏捷，眼睑不易发炎；

8．牙齿清洁，无龋齿，不疼痛；牙龈颜色正常，无出血现象；

9．头发有光泽，无头屑；

10．肌肉丰满，皮肤有弹性。

WHO的这个标准完全无法和ISO 9000系列国际质量管理标准相提并论。就好像在说一辆汽车，只要能开、颜值不错，其他说得过去就行了，几乎不涉及实际的人体质量问题，所以也很少有人把它当回事。

造成这种局面的原因主要有两个：首先，绝大部分父母认识不到孩子是由受精卵生产制造出一个个细胞后形成的，意识不到没有生产制造过程，自然就没有质量检验、质量控制和质量管理，没有质量检验、质量控制和质量管理，自然就谈不上各种标准了；其次，人这个产品实在太复杂了，到现在还有许多功能没搞清楚，至少人体DNA的内容就没有完全解出来，在基础研究还不够的情况下想制定标准，也确实勉为其难。

一个人一生若没有生命过程质量管理标准的指导，想要随随便便就能获得理想的生命长度，这是不现实的。那样的长寿，多多少少要靠运气吧，真的是“时也、运也、命也”。

在生命过程（身体健康）中引入全面质量管理有用吗？答案是不言而喻的！我们再以汽车为例，普通小客车（发动机）的寿命大概为40万公里，高级小客车（发动机）的寿命大概为60万公里，但吉尼斯纪录中有一辆小客车的总行驶里程达到193万公里！这一定是车主维护保养的功劳，换句话说，这是汽车使用过程全面质量管理的结果。193万公里，比高级小客车的寿命提高了2倍还多，把这个方法引入对人类的生命过程管理控制，哪怕将一个人的寿命提高2倍也非常好了，获取经验，其他人就可以跟进。

买过新车的人都知道，提车时，随车一定会附有生产厂家的“车辆维修手册”，该手册详细地说明了该车行驶多少公里（或购买后多少时间）需要做维修保养，哪个部件需换什么机油，易损耗的零配件什么时候换。手册中有详细的说明和明确的规定，完全按照手册上去做，厂家提供10万公里（或几年）以内的质保服务，否则就不提供“三包”服务。目前大部分汽车“4S”店都通过了ISO 9000质量管理体系的认证，拥有ISO体系认证证书，由

此可以看出人们对汽车维护的质量管理要求有多高！即使如此，大部分汽车的平均寿命远达不到理想寿命长度。按理说，人的身体健康比汽车金贵多了，我们应该享有更好的人体健康质量管理维护服务，可现实是很多人生病才会去医院，相当于汽车坏了才去修理厂修理。专门维护人体健康的专业机构却少之又少，就是想得到一本有用的身体健康质量管理手册都很难。

为人的生命全过程制定一个全面质量管理体系非常有必要，但其涉及面太广，难度非常大。生命过程的质量管理是为干细胞制造细胞（人）建立全面质量管理系统，其目标是向干细胞提供充足的原材料（营养）以保证能完成人的生命管理系统下达的细胞生产计划，进而保证人的身体健康。基于人的生命管理系统没有与外界交流的能力，我们需要预测它的需求，并满足它的需求。简单地说就是人的生命管理系统需要什么原材料（营养）制造细胞，我们就提供什么食物、水、饮料，确保干细胞工作的正常进行，进而保证人的身体健康。

如果一个人能一辈子不生病或不生大病，那他就是一个非常幸福的人！这也是生命过程质量管理的目标。

笔者想起了中医的健康观“治未病”。2000多年前，我国最早的医学典籍《黄帝内经》就提出：“上医治未病，中医治欲病，下医治已病。”唐代医药学家孙思邈说：“上工治未病之病，中工治欲病之病，下工治已病之病。”两者共同把治未病提到了中医人的最高境界。每一个人都会想拥有一位这样能治“未病”的私人医生吧，确保自己一生都身体健康、不生病。

“未病”是什么？顾名思义就是：“现在没有病，未来会生的病。”在中医治病的过程中，高水平的中医医生也是用中药治病，药食同源，食疗也可以治病，治未病更可能是以食疗为主。中药主要分三类：以植物药为主，动物药次之，其后是矿物药。中医四大经典著作之一《神农本草经》列出的中药有365种，其中植物药252种，动物药67种，矿物药46种。可以看到它们全部是自然界产生的物种，完全没有人工化学合成的东西。由此可以推断，“上医治未病”就是上医指导那个现在没有病、未来可能生病的人吃一些自然界生长的东西，他未来就不会生病了。我们的问题是那个上医当时看出了什么？或者当时诊断出了什么？“望、闻、问、切”，医生当时感受到的应该是对方身体里缺什么元素（营养），当此人今后仍长期缺乏这种元素时，他就会生某种病（未病）。当人体摄入某种药物（食物）补充元素后，他就不会生病了，反之亦然（他某种东西吃多了）。

上医治未病的道理告诉我们，只要能知道一个人的身体里缺什么元素（营养），随后经过食物或药物补充它，我们就能保证一个人不生对应的病。同理，只要能知道一个人的身体里什么元素过量，随后经过食物或药物排除它，也就能保证一个人不生对应的病（中毒）。

生命过程质量管理的目标是向人体干细胞提供充足的原材料（营养）以保证人的身体健康；上医治未病是发现人身体里缺什么元素（营养），当这种元素经过某种药物（或食物）补充后，就可以保证人的身体健康，这两者一融合，就是我们要讲的生命过程质量管理系统。

二、怎样建立生命过程的质量管理系统

在引入质量管理系统之前，我们先来研究一下与质量管理有关的概念。

“国家标准（GB/T 19000—2016/ISO 9000:2015）对质量的定义为：一个关注质量的组织倡导一种通过满足顾客和其他有关相关方的需求和期望来实现其价值的文化，这种文化将反映在其行为、态度、活动和过程中。

组织的产品和服务质量取决于满足顾客的能力，以及对有关相关方的有意和无意的影响。

产品和服务的质量不仅包括其预期的功能和性能，而且还涉及顾客对其价值和受益的感知。”

通俗的定义是：质量是对一个产品（包括相关的服务）满足程度的度量。我们这里讲的质量是身体内维持生命营养物质的合适程度。质量受多种因素影响、是各项工作的综合反映。要保证和提高产品质量，必须对各种因素进行全面而系统的管理。

质量管理指的是要确定质量方针、目标和职责，并通过质量策划、控制、改进来实现目标。国际标准和国家标准对质量管理的定义是：在质量方面指挥和控制组织的协调活动。

全面质量管理（Total Quality Management，简称TQM），是综合运用现代科学和管理技术成果，控制影响产品质量的全过程和各因素，提供用户满意产品的系统管理活动。中国工程院院士、国际质量科学院院士刘源张指出：世界上最好的东西莫过于全面质量管理了。

生命过程的质量管理系统采用中医治未病的理念，以预防为主，找出人体缺乏何种元素（营养），预测未来可能导致何种疾病，先行使用食物和药物补充，将人体疾病消灭在萌芽之中或化于无形。

我们运用全面质量管理模式，采用现代科技和管理技术的力量，将中医治未病的理念运用到人体的每一个子系统、每一个器官、每一个组织，监控各种细胞的生产过程，监控各种原材料（营养）的供应，就可以确保人体健康有序地成长。

（一）建立数据库

这个生命过程质量管理系统不是很复杂，用现代通用计算机系统就能实现。我们先通过数据模型来构建它的基础数据库，这个数据模型就是以第三章里的《系统分析表》为基础，扩充完善为一个人体健康数据库。

第一，我们扩充《系统分析表》的时间，以天为间隔顺序，每天一张，预设38000天，覆盖人的年龄超过100岁。

第二，我们扩充《系统分析表》的内容，覆盖人体里的每一个子系统、每一个器官和每一种组织。

第三，我们扩充《系统分析表》的采样人数，这里就是韩信点兵，多多益善了，主要按种族（民族）分类，还可按地区细分，以便将来分析使用。

第四，在《系统分析表》上增加一栏“身体的输入”，通俗地讲就是吃了什么，喝了什么，病从口入，这栏非常重要。当然就我们这个质量管理系统目标而言，也是病从口出。

第五，在《系统分析表》上增加一栏“身体的输出”，通俗

地讲就是身体干了什么，提供质量管理系统分析身体消耗用。

第六，在《系统分析表》上链接一个食品分析数据库，将人类可能吃到的所有食物都列在里面，从原始的植物、动物、矿物到人类开发生产出来的各种人造食品，从单一产品到它们的组合产品，详细分析它们的食用特性和药用特性，特别指出人食用后，将对人产生什么影响。

第七，在《系统分析表》上链接一个药品分析数据库，将人类可能吃到的所有非食物药品都列在里面，这里主要指的是人工合成、非自然界产生的药，详细分析它们的食用特性和药用特性，特别指出人食用后，将对人产生什么影响。

第八，在《系统分析表》上链接一个人类疾病分析数据库，将人类可能生的病都列在里面，详细分析这些病在身体上的表现和应该怎么治疗，指出这些病现在和将来会对人身体产生什么影响。

第九，在《系统分析表》上链接一个人身体化验数据分析数据库，详细分析每一种化验结果的数值表示什么意义、指向什么疾病或显示人体的何种健康状态。

第十，在《系统分析表》上链接一个中医“望、闻、问、切”诊断数据库，详细分析每一种诊断结果的数值表示什么意义、指向什么疾病或显示人体的何种健康状态。

第十一，在《系统分析表》上增加身体健康控制管理栏。这个栏目由六个子栏目组成：

1．健康身体化验标准指标栏。

2．当前身体化验数据栏。

3．健康身体营养参数标准栏。

4．当前身体营养数据栏。

5．健康身体综合指标标准栏。

6．当前身体综合指标栏。

1、2两个栏目是现代医学对人体检验的各种化验结果，通过比对可以知道这个人有没有病，有什么病。3、4两个栏目是中医治未病需要的人体平衡参数，通过比对可以知道这个人未来会不会生病。5、6两个栏目是这个人当前的健康状况数据，通过比对可以知道这个人现在的身体健康状况。

（二）建立《人体系统健康质量分析表》数据关系

第三章中的《系统分析表》是用于一个人生命过程的系统分析表，数据内容不全。这里需要的是《人体系统健康质量分析表》，并将它扩展到本地区、全国、同民族的人群使用，采集数据，同时为自己的身体健康服务。

《人体系统健康质量分析表》的主索引为：地区+民族+生命长度+身份证号码+日期，用此编码可以迅速查到某人某天的身体健康状况。

1．定义《人体系统健康质量分析表》单元格的数据内容

《人体系统健康质量分析表》单元格同时具有电子表格和浏览器的数据功能，单元格既可以定义数据、文字、数学计算公式，又可以定义链接下一个表格、程序，还可以显示图形、图像和视频。通过无限制的链接，可以找到一切与身体健康和质量管理相关的数据。

《人体系统健康质量分析表》单元格的定义大致要满足下面

三个要求：

首先，《人体系统健康质量分析表》单元格内容要覆盖人体所有子系统、器官、组织和细胞。可以分级，但必须全部，不能有遗漏。

其次，《人体系统健康质量分析表》单元格要采用最先进的人机交互（HCI）模式，建立友好的人机交互界面传递交换信息，使得采集数据和应用数据非常方便，将用户满意度做到最好。

最后，《人体系统健康质量分析表》单元格可读性要极强，使文化水平不高的人能够读懂并不产生歧义。

2. 定义《人体系统健康质量分析表》单元格之间的钩稽关系

钩稽关系是指表格中有关指标、数字之间存在着必然的、可以进行相互查考、核对验证的关系。

通常钩稽关系主要有以下3种：

（1）平衡钩稽关系。人体内部各项指标的平衡是身体健康最基本的保证。保持身体内生态相对平衡，就意味着身体无疾病；保持身体内生态长期平衡，就意味着身体一直健康，这就是我们的目标。已经有很多专家在研究这个平衡关系，希望他们能在人体系统框架下给出人体系统完整的平衡钩稽关系。在我们这个系统中，平衡关系不仅要定性，而且要定量。

（2）对应钩稽关系。我国有两句俗语：“一发不可牵，牵之动全身”和“牵一发而全身为动，伤一指而终日不适”。拉一根头发就牵动全身，一根手指受伤则时时都会想着它，说明人体有非常密切的对应关系。这还是说的外部现象，人体内部的对应关系就更复杂了，吃点处方药治病，除了治病外，还可能影响到其他器官，带来副作用。吃点中草药治病，可能是多靶点，除了治这个病，还治那个病。因此，确定人体对应钩稽关系是必要的。

（3）和差钩稽关系。这个钩稽关系表现为人体中某个指标等于其他几个指标的和或差。最典型的例子是，一般情况下某个人的血液总量是一个常量，在人体内的血管和各个器官中的分布相对稳定，短时间内不会变，由生命管理系统控制。当该人参加体育比赛或智力考试时，血液会立即流向需要加强的器官而减少流向闲散的器官，血液在各个器官中的分布一定有多有少，但血液总量不变，它是标准的和差钩稽关系。血液的和差钩稽关系非常重要，它直接告诉我们人体做运动时血液会向哪里流动，长时间缺少血液的器官可能就会受到伤害，因此运动必须适量（工作也一样）。

3．定义《人体系统健康质量分析表》单元格之间的计算公式

《人体系统健康质量分析表》中许多单元格的数值是计算出来的，必须定义相应的数学计算公式。例如“健康身体化验标准指标栏”中的所有指标数据都是从健康的同龄人那里采样计算得到的，“当前身体化验数据栏”则是检查自身得到的，计算两者之差，就是自己偏离健康程度的数值。另外两组“健康身体营养参数标准栏”和“当前身体营养数据栏”、“健康身体综合指标标准栏”和“当前身体综合指标栏”以此类推，可分别计算出健康身体营养参数的差异和健康身体综合指标的差异。

还有一类单元格数据计算是要调用外部数据库才能完成的。例如，饮食健康是身体健康的基本保证，生命过程质量管理系统提供科学合理的饮食结构方案给使用者选择，以满足其一天生活、工作、娱乐和学习的需求。营养配餐食谱中会包含多种食

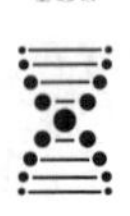

物，质量管理系统会调用食品分析数据库来查明各种食物的组成、含有何种营养成分、使用量的限定，以及人体会产生的热量、蛋白质、脂肪等等，计算出最佳营养配餐食谱供选择。营养配餐食谱也可以自选，如果自选，则质量管理系统可能要重复计算许多遍才会得到使用者的认可和满意。

最后，钩稽关系都是靠计算公式形成的，无论是平衡钩稽关系，还是对应钩稽关系、和差钩稽关系，只有计算公式正确，钩稽关系才成立。

4.《人体系统健康质量分析表》单元格链接的程序

程序，是管理方式的一种，是能够产生高效作用的工具。中华人民共和国国家标准《质量管理体系 基础和术语（GB/T 19000—2016/ISO 9000:2015）》中第3.4.5条“程序 procedure”中对于“程序”的定义是“为进行某项活动或过程（3.4.1）所规定的途径”。

这里的程序指的是计算机软件程序，是为了实现某个目的或得到某种结果而编写的。通常会有一个庞大的计算机软件程序库存在，里面都是为使用者身体健康而编制的应用程序，由使用者根据自身情况选择链接。例如，糖尿病是一种遗传性疾病，与遗传因素有关。但糖尿病本身并不遗传，遗传的是易于得糖尿病的体质。如果后代生活环境管理得好，饮食控制得好，积极运动，其并非确定会得糖尿病，他们只是比一般人易得糖尿病而已。这时的单元格链接就是防止糖尿病产生的饮食程序，以预防为主（即治未病）。

生命过程质量管理系统是为个人服务的计算机软件系统，它要使用大量的公共服务数据，同时它也存有大量个人专有数据，因此会有很多个人专用程序来为自己服务。

三、生命过程质量管理系统的实现

所谓“治未病”，就是人体补充缺乏的营养元素，从而保持身体健康，达到不生病的目标。

当我们在日常生活中引入生命过程质量管理系统后，天天监控身体的营养元素状态，必要时补充需要的营养元素，就能使身体运转正常，抵御各种病毒、细菌的侵害（重要提示：植物药、动物药、矿物药治不好的病，生命过程质量管理系统也无能为力）。

生命过程质量管理系统由公共数据（主）和个人数据（从）两大部分组成，通过电子计算机软硬件系统和通信技术实现。公共部分由基础信息数据、人体健康标准数据、各种科研成果数据和计算机软件支持程序组成。个人部分由个人基础信息数据、个人健康检测数据和个人专用计算机软件支持程序组成。

生命过程质量管理系统的公共部分要由相应权威机构（例如世界卫生组织）建立，以保证其信息、数据的权威性、可靠性和可信度。

生命过程质量管理系统的个人数据应共享，进而形成大量生命过程质量管理系统的统计数据，提供给需要的人参考，从中发现规律和异常，推动社会进步。

（一）生命过程质量管理（主）系统的实现

1．基础信息数据

这个基础数据就是人体结构数据，用电子表格和浏览器技术

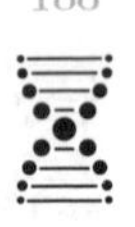

来实现，人体结构用树形结构来表示。基础数据覆盖人体所有的子系统、器官、组织、细胞，需要时还可以继续向下链接。

基础信息数据必须来源于专业权威机构，未经授权不得更改。

2. 人体健康标准数据

这是从健康人群中获得的人体化验、测量数据，经过优化计算后确定成为标准的数据，供大家参考使用。统计样本量越大，标准数据的代表性越强。在标准采用上，首先是民族标准，然后是地区标准、国家标准、国际标准，以此排序，因为世界太大，人长得实在不太一样。

3. 各种科研成果数据

第一，食品分析数据库：列出所有食品（物）的营养成分和化学成分，标明它们的食用特性和药用特性，以及食用后对人体产生的作用（影响）；

第二，药品分析数据库：列出所有药品的药物成分和化学成分，标明它们的药用特性和可能产生的后遗症；

第三，疾病分析数据库：列出人类所有疾病表现出的状态及该病的化验诊断结果数据，给出最佳治疗方法和建议。

4. 计算机软件支持程序

当我们拥有了健康人群的人体化验、测量标准数据，又有各种疾病化验诊断结果数据，还有生命过程质量管理对象的实时检测数据时，计算机模拟技术和计算机仿真技术就开始大有用武之地了，它们可以用计算机强大的计算、逻辑分析和推理能力，对研究对象的检测数据逐条地与健康人群相对应的检测数据比对，记录其差异；随后，把研究对象的检测数据逐条地与疾病人群相应的检测数据比对，记录其差异，经过计算和综合评估，研究对象的身体状态是健康还是趋向于疾病，趋向于哪一类疾病，都有了明确的预估值。若我们对某种疾病感兴趣，计算机还可以将该类疾病人群的历史检测数据调出来和研究对象的历史检测数据比对，找出研究对象此时趋向于病态过程中哪个阶段。

当预估值表明研究对象有明显趋向产生某种疾病时，生命过程质量管理系统就会调用相关专业程序来进行详细的疾病分析和模拟，从源头开始找出产生疾病的原因，从治好的病例那里寻找治疗（防止）疾病的方法，然后结合研究对象的自身情况给出最佳的应对方案。

为了预防某种疾病，我们有详细的食品分析数据库和药品分析数据库做支持，计算机可根据研究对象的实际情况选定食疗方案或药物治疗方案。例如，通常遇到的情况就是人体缺维生素，食疗补充慢一些，直接吃相应的维生素就补充得快，具体情况应分别对待，力争获得最好的结果。

（二）生命过程质量管理（个人）系统的实现

1. 个人基础信息数据

当个人申请使用生命过程质量管理系统后，首先下载客户端软件包，安装执行后在人机交互模式下输入个人基础信息。首先输入生命过程质量管理（主）系统的主索引键数据：国籍、民族、性别、出生日期和身份证号码，在主系统中建立一份个人文档留存，供今后检索数据用。然后输入个人基本信息：姓名、住址、婚姻状况、电话，以及籍贯、出生地等等，主系统生成一个

专为自己服务的个人数据库，这个数据库的索引键值就是日期，用日期就可以查询自己那一天的身体状态。

个人数据库建好后，第一步就是数据初始化，将自己现在身体状况的数据输入电脑，除了身高、体重、腰围、血压、视力等常见代表身体状况的参数外，重要的是身体现在哪里不适和历史上生过什么疾病。对于一个身体健康的人，其实没什么可以输入的，因为主系统已经为你预置好了。

个人基础信息还要包含详细的直系亲属信息，特别是向上的直系亲属信息和家族遗传病信息，色盲、过敏等都是非常重要的信息，多多益善。

2．个人健康检测数据

个人健康检测数据来源于两个方面：医疗专业检验机构的检测和自己在家的自测。医疗专业检验机构的检测是使用各种检验仪器验血、验尿、验头发等等，给出各项指标的精确值；自测更多地趋向于“望、闻、问、切”，得到的是一个模糊的概念。专业检验机构的检测结果是这个人有没有病、有什么病；自测的结果是感觉自己是不是要生病。专业检验机构的检测会间隔很长时间（比如说一年），自测原则上是天天都做。专业检验机构的目标是治病，自测的目标是预防疾病。因此，自测是生命过程质量管理的重要组成部分。

随着科技的发展，自测可以使用各种家用电子测量设备，特别是智能机器人，完全可以像上医一样“望、闻、问、切”，对人体的现在和未来做出准确判断。再加上智能穿戴设备，时时记录一个人的血压、血氧、心率以及运动量，可以轻松地完成自己的身体检测，防患于未然。

3．个人专用计算机软件支持程序

生命过程质量管理系统表面上看是管理人的身体健康，实质上却是研究吃的学问。通过研究吃什么，怎样吃，来消除疾病的隐患。

许多国家都制定了居民膳食指南，作为膳食营养和平衡的指导性文件，以帮助人们做出科学的食物选择，合理搭配膳食，维持和促进身体健康。但一个人的口味会很独特，不仅会受到遗传、地区、家庭、社会风尚等各种因素的影响，还会受到过敏等自身条件的制约，因此需要一个量身定造的高级营养师，每天提供符合他当时身体状况的专用食谱，既营养丰富，又符合自己的口味，还能保持身体健康，这个角色由个人专用计算机软件来担任最合适。

定制个人营养套餐的程序，实际上就是“上医在治未病”，它是这个系统最有价值的地方。

（三）模拟生命过程质量管理系统的应用

一位新婚女士决定在不远的将来要生一个可爱的小宝宝，她希望把这件事做得非常完美，因此她下载了生命过程质量管理系统软件包安装在自己的电脑系统上，要借助电脑、科技和社会的力量来完成这件事。

她根据系统提示输入了自己的基础信息：姓名、国籍、民族、出生日期、身份证号码、工作性质、居住地址以及通信地址等等，在主系统端和客户端分别注册，成为生命过程质量管理系统的一个用户。

她用自己的标识码和口令进入生命过程质量管理系统，完善自己的基础信息：身高、体重、血型、血压、视力、听力以及过往疾病史等等，接着是自己的过敏、忌口和喜欢的食物，最后完成家族、直系亲属的过往病史登记。

根据需要，她专门购买了相应的智能穿戴设备、家用电子测量仪器和可以“望、闻、问、切”的智能机器人，准备每天监控自己的健康状况。

她要去身体健康检查机构做一次全面的体检，确定自己现在的身体健康状态，并将所有体检数据输入个人数据库。

所有初始数据、设备准备就绪后，就可以启动生命过程质量管理系统，先进行试运行。

生命过程质量管理系统启动运行的第一个任务是为她准备标准（参考）数据，首先提示她告知近期生活目的，当知道她准备怀孕生小孩后，系统会从主数据库中找出那些生过健康孩子且与她条件相近的人（从几十到数千），以国籍、民族、年龄、身高、体重、工作性质等为参数，匹配最有价值的参考对象，加权平均计算出身体各项化验、测量指标的标准（参考）值，成为未来计量她身体健康状态的依据。

生命过程质量管理系统从她的智能穿戴设备、家用电子测量仪器和智能机器人存储器中读取当天数据，计算处理后存入个人数据库。

收集信息结束，电脑应用程序比对健康身体化验标准指标栏与当前身体化验数据栏、健康身体营养参数标准栏与当前身体营养数据栏的差异，算出当前身体健康的综合指标数据，然后比对健康身体综合指标标准栏与当前身体综合指标栏的差异，得出她当前的身体健康预估值。差异愈小，她的身体愈趋向于健康（适合怀孕生子）。

根据自己的身体健康状况，她将打开生命过程质量管理系统的应用软件程序库，寻找适合自己的应用程序。电脑也会向她推荐经常使用到的应用程序，术业有专攻，一定要选择最适合自己的应用软件才会有最好的结果。

根据使用手册，逐一试用选定软件的功能，合则留。她一定会增加很多自己原先不知道的知识。

使用生命过程质量分析软件对自己身体进行全面分析和预测的人，通常都是身体健康，小有不适，微恙而已，没什么大问题。当然如果是大病、重病，就不是这个系统能处理的了，上医院吧！

系统分析报告完成后，电脑开始为她定制营养套餐。拟定的食谱可以是一天、三天、一周不等，原则是保证营养均衡及补充她缺乏的营养元素。

生命过程质量管理系统链接的食品分析数据库存储了世界上所有的食品信息，可以用博大精深来形容，但电脑拟定的食谱通常却难以令人满意。民以食为天，许多人对食物的要求会远远超过电脑的想象，因此必须调整食谱。方法是她与电脑进行人机对话，要求食谱符合自己的口味，生命过程质量管理系统坚持营养均衡，双方反复博弈，协商统一，最终拿出一个既符合她口味又营养均衡的食谱付诸实施。

生命过程质量管理系统的程序库有一个自助子程序库，里面

存有各种标准化、功能化的程序模块，她略加学习就可以按照自己的要求拼接程序来实现特殊的功能，达到自己的目的。

30天试用期间，每天她把自己的实际饮食情况输入电脑，智能电子设备把她的身体状况输入电脑，电脑系统里的相应程序据此拟定下一份食谱，继续人机对话磋商，得到双方满意的结果。

30天后试用期结束，她再去身体健康检查机构做一次全面的体检，将所有体检数据输入个人数据库，与30天前的体检数据比对，检查生命过程质量管理系统的使用成效，决定是否继续使用。

|第七章|

结束语

对作者而言，稿件的完结就代表一本书写完了，这个工作就结束了。

一个人的生命有了结尾或生命历程已十分清楚，这个人的生命就结束了，不能说是失败，却是他本人十分不愿意的事情。

万寿无疆、长命百岁、延年益寿、福寿康宁、寿比南山，中国成语中有一大堆祝福之词，长寿之心溢于言表。

人解决温饱问题后，健康长寿就是最重要的需求。从古到今的人们，研究使用吃药、饮食（辟谷）、运动、练功、睡眠等方法以达到长寿目的，实现者人数不多，究其原因，恐怕还是方法不对吧。

人为什么想要长寿？我们先来探讨一下：100岁，这个年龄可以算长寿了（我国划分大于90岁为长寿老人），活到这个年龄的人实在不多。

眼睛：通常人到100岁眼睛已经很不好使了，看什么都是模糊的，视力只有0.1左右，有些人几乎看不见或完全看不见。

现代医学是这样解释的：老年性视力下降是因为随着年龄的增长，视觉器官老化或眼疾，眼睛晶状体硬化和睫状肌衰弱，缺乏伸缩性，看物体时不能形成适当的凸度，降低了对入射光线的折射，造成聚焦困难，视网膜图像的清晰度下降，同时对颜色的视敏度减退，对蓝色和绿色辨认困难，导致眼睛对一定距离分辨物体细节的能力减退。

耳朵：通常100岁的寿星耳朵几乎听不见了。听觉感受性衰退比视觉早得多，许多人不到60岁就衰退得十分明显，到了100岁时状况可想而知，你对着他耳朵喊，他能听到就不错了。

老年性耳聋是一个正常的生理现象，是人体衰老过程中肯定出现的一种现象，表现为听力损失，不可逆的。听力损失与人的年龄因素、血管问题、代谢问题、药物问题、环境问题等有关，老年性致聋的病因更加复杂，还要加上DNA控制的衰老因素，人人有别。其病理变化涉及包括外耳、中耳、内耳、蜗神经及其传导路径和大脑皮质的整个听觉系统。

特别是人体内耳感受高频率的感受器和神经很早就开始萎缩，老年人对高频率声音的听力丧失得最早，即逐步听不到高频率的声音。

嗅觉与味觉：通常100岁的老年人嗅觉已经非常差了（不敏感），有相当多的老年人已经失去了嗅觉。

味觉决定着人对食物的感受，味觉和人获得营养物质有直接的关系。嗅觉和味觉会整合并互相作用，嗅觉是一种远感，味觉是一种近感。我们说一种食物好吃，实际上也包括它好闻，这两种感觉是紧紧相连在一起的。可惜的是100岁寿星味觉也已经非常差了，其主要原因是舌头上的味蕾50岁以后开始逐渐萎缩，70岁以后急剧减退，导致味觉功能下降。当我们吃食物没有味道时，吃东西就会变成一件苦差事，将直接影响人体的健康。

触觉和痛觉：人体60岁以后感觉能力下降，主要表现为各种感觉器官的功能逐渐变得不敏锐，感觉阈限升高，感受性下降。人体55岁以后触觉逐步并加速迟钝，65岁以后的触觉反应等同于6岁儿童。痛觉是逐渐迟钝的，身体各部位痛觉迟钝快慢不一，额部和手臂的迟钝会更严重一些。

其他还有语言能力、行动能力、逻辑判断能力等就不一一叙述了。这还是我们能看到的外部表象，人体内部各个器官的衰老就更复杂了，请专家们研究吧。

总之，现在100岁的老寿星，眼睛基本看不清，耳朵基本听不见，吃东西基本没味道，走路往往要人扶，说话往往要亲属或亲近的人翻译，能否生活自理都是问题，生活质量极差。这完全不是我们要的长寿生活！

中国还有一个成语叫“长生不老”，指长久生存，永不衰老。原是道教语言，指永生、不死、不灭、不老，出自《太上纯阳真经·了三得一经》：“天一生水，人同自然，肾为北极之枢，精食万化，滋养百骸，赖以永年而长生不老。”这个成语比较靠谱，与我们的目标一致：不仅要长寿，而且要不老！

然而现代医学却无情地告诉我们：人体脑细胞是在胎儿期生成的，人出生时数量已达最高峰，1～3岁脑细胞增大、发育、成熟，且数量不再增长。在人体成长期，无用的脑细胞会被淘汰（死亡）而减少，到了人的维持期，有用的脑细胞也会逐渐减少（死亡），流行的说法是每天会有10万左右的脑细胞死亡，80岁人的脑细胞只有40岁人的一半。老年人记忆力衰退就是直接的明

证，哪一批脑细胞死亡了，哪一批脑细胞记住的东西自然就消失了，人愈老记得的东西愈少是因为脑细胞减少了。

如果我们画一个直角坐标图，横轴是人的年龄，竖轴是脑细胞数量，图上就是一条一直向下走的曲线。在100岁的位置上，脑细胞的数量应该很少了。因此，即使我们的身体可以长生不老，大脑的细胞也会变少，那不成了一个身强力壮的傻瓜？不解决脑细胞的再生、更新换代问题，身体的长生不老也没什么用处。

人怎样才能长生不老呢？古往今来很多人研究这个问题，实践检验真理，至今也没有结果。

站在一个产品制造工程师的角度上看，人这个产品已经生产出来了，而且有几百万年的历史。研究人这个产品也有几千年的历史，该解剖的解剖，该化验的化验，能放大就尽量地放大，能做实验的就尽量地做实验，人体结构的透明度已非常高了。

里面没有硬件问题，是生命管理软件在起决定性的作用。管理人体的软件是存放在DNA中代代遗传下来的，如果向前回溯，那就是几百万年以前就有了，其后虽然会有进化，但落后程度不言而喻，更新改进实属必需。因此全面破译DNA密码是人类努力的方向：DNA中一定有一个人的生命管理系统，它是用目前人类不懂的语言编写出来的；DNA中一定有一个人体数据库，其数据库结构非常复杂，定义着人一生的方方面面；DNA中还有一个人的遗传信息。